国家高职骨干院校重点专业建设教材

工程数学

主编　张　毅　阮杰昌　邵文凯

科学出版社
北京

内　容　简　介

本书按照最新的职业教育理论要求，在打破传统的教材编排系统的基础上，遵从学科的知识逻辑编写而成. 本书由八个教学情景构成，其先后顺序就是学习微积分的知识递进，每一学习情景列出学习目标和学习方法，有利于学生自学；以实际背景引入教学概念，有利于学生体会数学思想来源于生活与生产实际这一概念，既解决了专业和生活中常见的计算问题，又照顾了数学学科循序渐进的知识逻辑体系.

本书可作为高职高专机电一体化及相关专业学生的教材用书，也可作为其他相关专业数学教育工作者的参考用书.

图书在版编目(CIP)数据

工程数学/张毅，阮杰昌，邵文凯主编. —北京：科学出版社，2015
国家高职骨干院校重点专业建设教材

ISBN 978-7-03-042907-0

Ⅰ.①工…　Ⅱ.①张…　②阮…　③邵…　Ⅲ.①工程数学-高等职业教育-教材
Ⅳ.①TB11

中国版本图书馆 CIP 数据核字(2015)第 000369 号

责任编辑：李淑丽/责任校对：桂伟利
责任印制：霍　兵/封面设计：华路天然工作室

科学出版社 出版
北京东黄城根北街 16 号
邮政编码：100717
http://www.sciencep.com
三河市骏杰印刷有限公司印刷
科学出版社发行　各地新华书店经销
*
2015 年 1 月第　一　版　　开本：787×1092 1/16
2018 年 7 月第四次印刷　　印张：8
字数：189 000

定价：23.00 元

前　　言

本书基于《国务院关于加快发展现代职业教育的决定》(国发〔2014〕19号)的具体内涵作为指导思想，遵从“坚持以立德树人为根本，以服务发展为宗旨，以促进就业为导向”的原则，以提高职业技能和培养职业精神高度融合为目的，结合作者多年教学实践经验与兄弟院校的先进做法编写而成，具有以下特点。

(1)既打破传统的教材编排体系，又遵从学科的知识逻辑。本书由八个教学情景构成，其先后顺序就是学习微积分的知识递进，这样既解决了专业和生活中常见的计算问题，又照顾了数学学科循序渐进的知识逻辑体系。

(2)编排结构科学合理，体现以学生为主体。每一学习情景列出学习目标和学习方法，利于学生自学；以实际背景引入数学概念，利于学生体会数学思想来源于生活与生产实际。

(3)与传授知识相比较，更注重综合能力的培养。使学生在系统获得知识的同时，也能比较系统地提高能力，体现知识教学与能力训练的统一；重视培养学生运用数学的意识，通过典型例题，列出多种计算方法，择优而取，使学生既能牢固掌握知识，又能学到探求知识的思想方法和手段。

(4)强调理论联系实际，增强应用性。可让学生体会到“数学就在身边”、“专业知识的分析必须靠数学”，力图做到语言流畅、简练，便于学生在做中学。

(5)引入数学的人文知识，便于了解全世界的数学发展历程，体会知识无国界，拓展学生的视野；让学生在学习的过程中知道所学知识的文化背景，提高文化的综合素养。

本书由张毅、阮杰昌、邵文凯任主编，李应、何向婷、李琰任副主编，张德刚、王晓平、任建英、刘少雄、周雪艳、聂跃波参加编写。在全书的编辑出版过程中，借鉴了兄弟院校先进的教学理念和科学的实际案例，得到了科学出版社和责任编辑的大力帮助与支持，收获了许多宝贵的意见和建议，在此一并致谢。

鉴于作者水平有限，书中难免出现些不妥之处，敬请读者与同行批评指正。

编　者

2014年8月

目　录

学习情景一　刀具的角度计算

第一部分　学习任务分解

学习领域	数学核心能力应用
学习目标	利用几何知识解决机床加工过程中刀具角度和零件尺寸的计算
学习重点	(1)刀具角度的计算； (2)零件尺寸的计算
学习难点	(1)将实际问题转化为几何问题； (2)几何知识的综合运用； (3)三角函数的计算； (4)具体的数学算法
学习思路	简化实际问题的冗杂内容—用更简洁的方式表达—转化为数学语言—构建数学问题—用几何、数学知识解决问题
数学工具	三角形、三角函数、圆、弧线、近似计算
教学方法	讲授法、案例教学、情景教学法、讨论法、启发式
学时安排	建议学时 6～10

第二部分　情景学习

1　铰刀前角的测量

例 1　如图 1-1 所示，铰刀前角 γ 直接测量并不容易，在实际中，用游标卡尺测量出铰刀中心距台面的距离 a、刀齿前刀面与台面的距离 b，再测量出铰刀的直径 d，则铰刀前角的计算公式为

$$\sin\gamma=\frac{2(a-b)}{d}$$

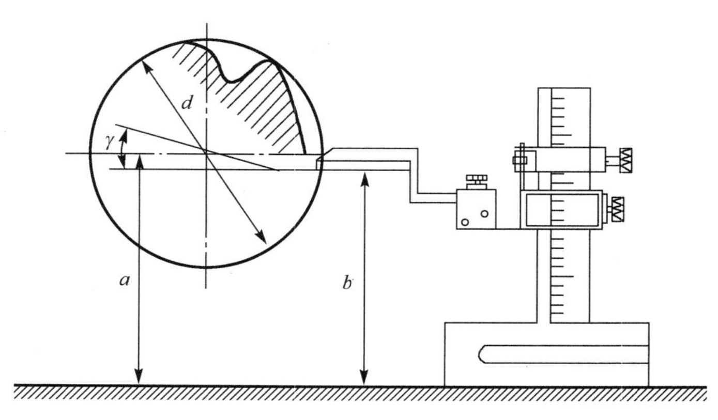

图 1-1

分析　建立铰刀角度测量的数学图形，如图 1-2 所示.

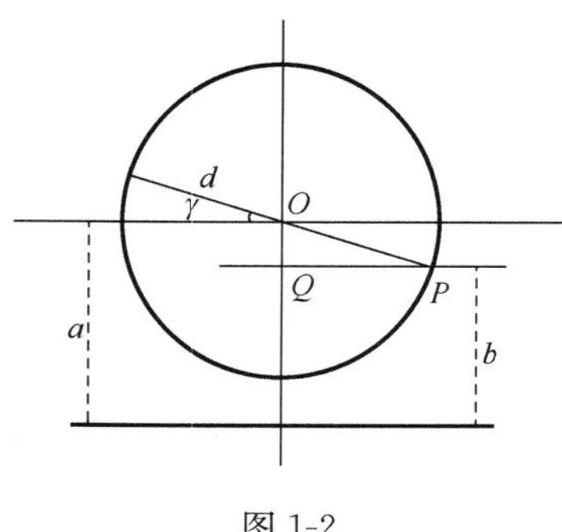

图 1-2

铰刀前角 γ 是一个直角三角形中的锐角，已知给出了锐角的对边和斜边，故可以由直角三角形正弦函数的定义求得此角.

解　在 Rt$\triangle OPQ$ 中，$\angle OPQ$ 即铰刀前角 γ，直角边 $OQ=a-b$，斜边 OP 为圆的半径 $\frac{d}{2}$，于是由正弦函数的定义可得

$$\sin\gamma = \frac{OQ}{OP} = \frac{a-b}{\frac{d}{2}} = \frac{2(a-b)}{d}$$

即

$$\sin\gamma = \frac{2(a-b)}{d}$$

2　用钢球测量圆锥体的斜角

例 2　用两个直径不同的钢珠测量圆锥体的斜角，先把小钢珠倒入锥孔中(图 1-3).

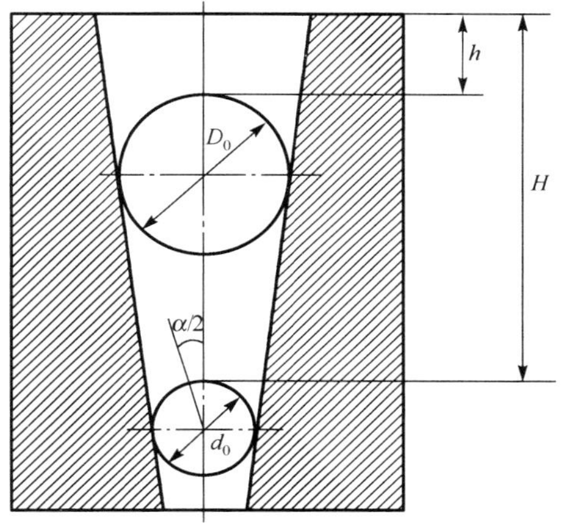

图 1-3

用深度千分尺或游标卡尺量出高度 H，然后将大钢球放入并测量出 h，试写出锥孔斜角 α 的计算公式.

分析　画出实际问题所对应的数学图形(图 1-4).

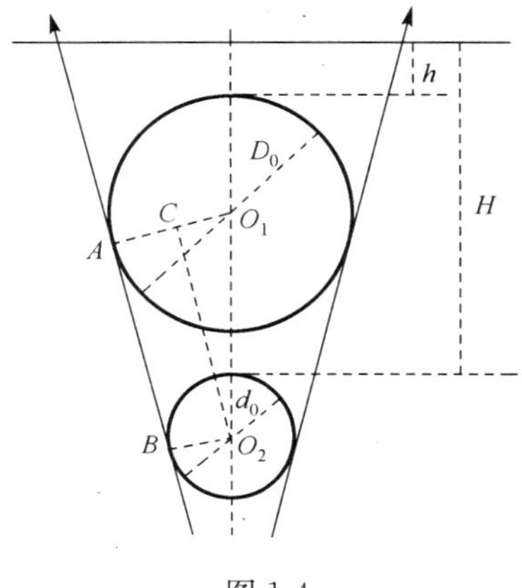

图 1-4

从图 1-4 中可以看出，过小圆的圆心作直线 AB 的平行线 O_2C，则 $O_1C \perp O_2C$，$\angle O_1O_2C$ 即所求的斜角 $\frac{\alpha}{2}$.

解　O_1，O_2 分别是大小圆的圆心，A，B 分别是左侧直线与两圆相切的切点，则

$$O_1A \perp AB$$

在 $\mathrm{Rt}\triangle O_1O_2C$ 中，有

$$CO_1 = \frac{D_0 - d_0}{2}$$

$$\begin{aligned} O_1O_2 &= H - h - \frac{D_0}{2} + \frac{d_0}{2} \\ &= (H-h) - \left(\frac{D_0 - d_0}{2}\right) \end{aligned}$$

由三角函数的定义可知：

$$\begin{aligned} \sin\frac{\alpha}{2} &= \sin\angle O_1O_2C = \frac{CO_1}{O_1O_2} \\ &= \frac{\frac{D_0 - d_0}{2}}{H - h - \left(\frac{D_0 - d_0}{2}\right)} \\ &= \frac{D_0 - d_0}{2(H-h) - (D_0 - d_0)} \end{aligned}$$

3　钢珠测量圆柱体直径

例 3　直径较大的圆柱形工件，其准确直径不易量得. 因为大尺寸量具较少，且测量时量具不易放正. 如果采用下面的方法，则可方便地量得比较准确的尺寸. 测量时，将工件放在平板上，如图 1-5 所示.

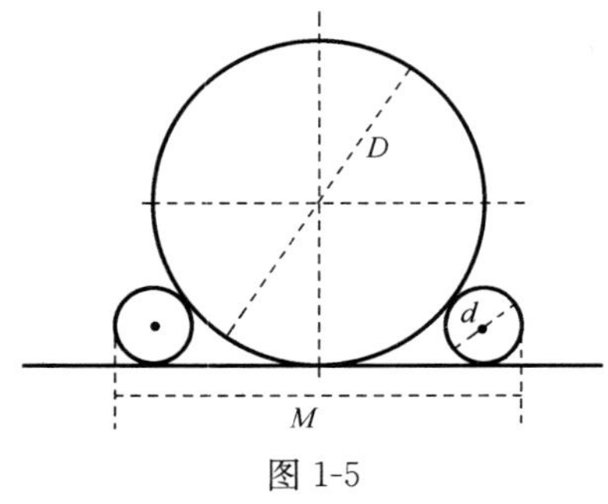

图 1-5

用两个直径相同的钢柱放在工件下面的两侧，用千分尺或游标卡尺量出距离，然后用下面的公式计算，就可以得到这个工件的直径为

$$D = \frac{(M-d)^2}{4d}$$

其中，D 为圆柱体直径(mm)；M 为用千分尺量得的尺寸(mm)；d 为钢柱直径(mm).

分析　由实例抽象出数学图示(图 1-6).

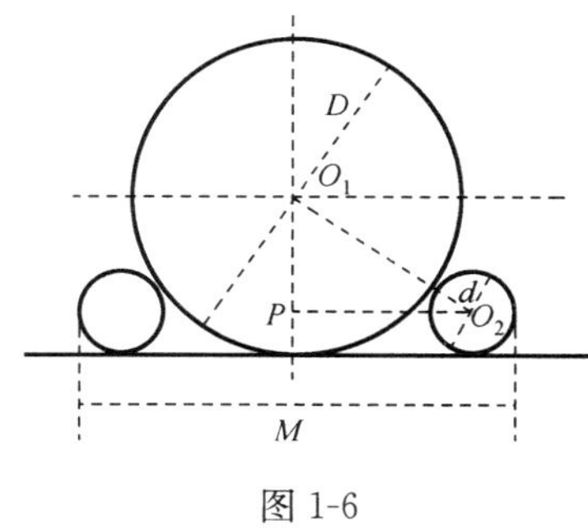

图 1-6

已知条件给出 M 及 d，要求求出 D，于是由三者建立一个直角三角形 $\mathrm{Rt}\triangle O_1O_2P$，连接大圆和小圆的圆心 O_1,O_2，过 O_2 作垂线,垂足为 P，使得 $O_2P \perp O_1P$. 在 $\mathrm{Rt}\triangle O_1O_2P$ 中运用勾股定理可求得直径 D.

解　由于大圆的直径为 D，小圆的直径为 d，所以在 $\mathrm{Rt}\triangle O_1O_2P$ 中,有

$$O_1O_2 = \frac{D+d}{2}$$

$$O_1P = \frac{D-d}{2}$$

$$O_2P = \frac{M-d}{2}$$

由勾股定理得

$$O_1P^2 + O_2P^2 = O_1O_2^2$$

即

$$\left(\frac{D-d}{2}\right)^2 + \left(\frac{M-d}{2}\right)^2 = \left(\frac{D+d}{2}\right)^2$$

整理得

$$D = \frac{(M-d)^2}{4d}$$

4　恢复碎带轮的原有圆直径

例 4　有一只碎轮,并且只有一小部分存在,如何求出原来直径的大小?

分析　做出与实际问题一致的几何模型(图 1-7).

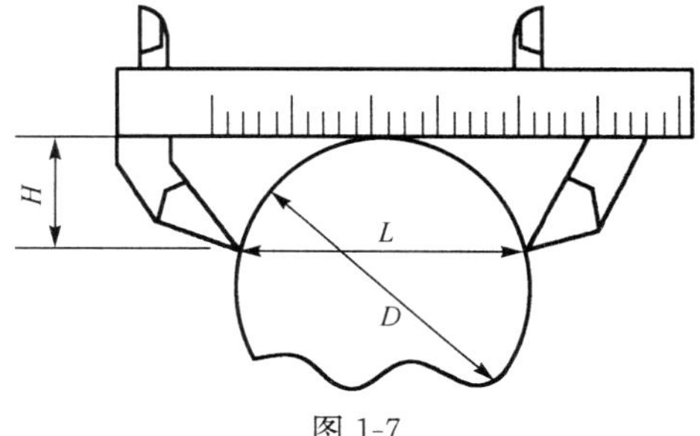

图 1-7

此时可以用游标卡尺测出它的宽度 L 和高度 H，想办法求出直径 D.

由实例抽象出数学几何图(图 1-8).

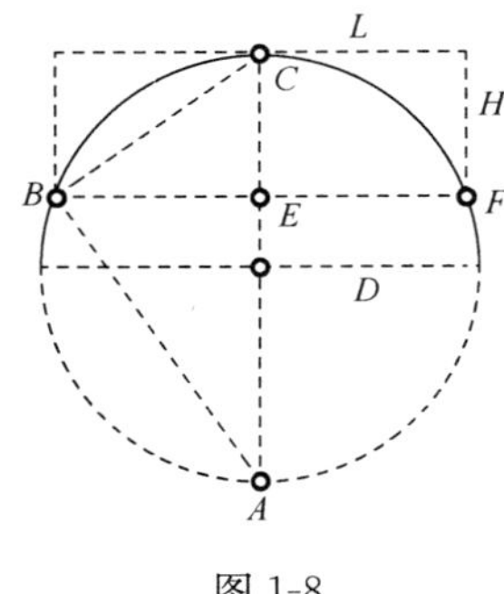

图 1-8

要求出原来圆直径的大小，就得先作出一条直径，由于已知只能找到碎轮的两个端点 B,F，根据与弦垂直的直径平分该弦，所以连接碎轮的两个端点作弦 BF，过 BF 的中点 E 作 BF 的垂直平分线，与碎轮交于点 C，连接 BC，过 B 作 $BA \perp BC$，交 CE 的延长线与 A 点，则 AC 就是所求的直径，这是因为直径所对的圆周角是直角，要求 AC 的长度，可在 $\text{Rt}\triangle ABC$ 中求得，因为 $AC \perp BF$，所以运用射影定理即可求出.

解 因为 $AC \perp BF$，所以在 $\text{Rt}\triangle ABC$ 中利用射影定理得

$$BE^2 = AE \times CE$$

而

$$CE = H, \quad AE = D - H, \quad BE = \frac{L}{2}$$

所以

$$\left(\frac{L}{2}\right)^2 = (D - H) \times H$$

即

$$\frac{L^2}{4} = HD - H^2$$

整理得

$$D = \frac{L^2}{4H} + H$$

5 车削端面圆头突出宽度的计算

例 5 车削如图 1-9 所示的端面圆头，试计算出圆头宽度 t.

分析 从图 1-9 中可以看出，要求出 t 之前，必须先求出锥形部分小端直径 d，$d = 2AB$，$t = R - AO$，要得到 AB 与 AO，需求得 $\angle AOB$ 与 $\angle BOC$，因此需要解斜 $\triangle BOC$.

解 在斜 $\triangle BOC$ 中，已知 $\angle C = 85°$，$OC = 19$，$OB = 24$.

由正弦定理得

$$\frac{OB}{\sin C} = \frac{OC}{\sin\angle OBC}$$

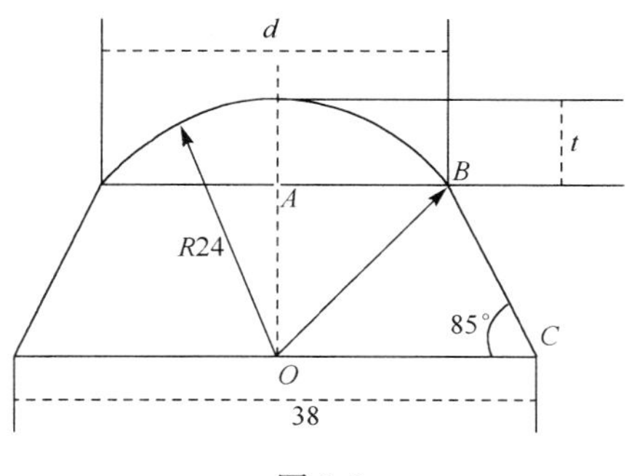

图 1-9

即

$$\frac{24}{\sin 85^\circ} = \frac{19}{\sin\angle OBC}$$

所以

$$\sin\angle OBC = \frac{19}{24}\sin 85^\circ \approx 0.789$$

于是

$$\angle OBC = 52^\circ 04'$$

因此

$$\angle BOC = 180^\circ - 85^\circ - 52^\circ 04' = 42^\circ 56'$$

则

$$\angle AOB = 90^\circ - 42^\circ 56' = 47^\circ 04'$$

在 Rt$\triangle AOB$ 中

$$OB = 24,\quad \angle AOB = 47^\circ 04'$$

$$AB = OB\sin\angle AOB = 24\sin 47^\circ 04' = 24 \times 0.732 = 17.57$$

$$AO = OB\cos\angle AOB = 24\cos 47^\circ 04' = 24 \times 0.681 = 16.35$$

所以

$$d = 2AB = 2 \times 17.57 = 35.14$$

$$t = 24 - AO = 24 - 16.35 = 7.65$$

第三部分　数 学 工 具

1　任意角的三角函数值

1.1　锐角三角函数的定义

如图 1-10 所示，在 Rt$\triangle POM$ 中，$\angle M$ 是直角，那么 $\sin\alpha=\dfrac{MP}{OP}$，$\cos\alpha=\dfrac{OM}{OP}$，$\tan\alpha=\dfrac{MP}{OM}$.

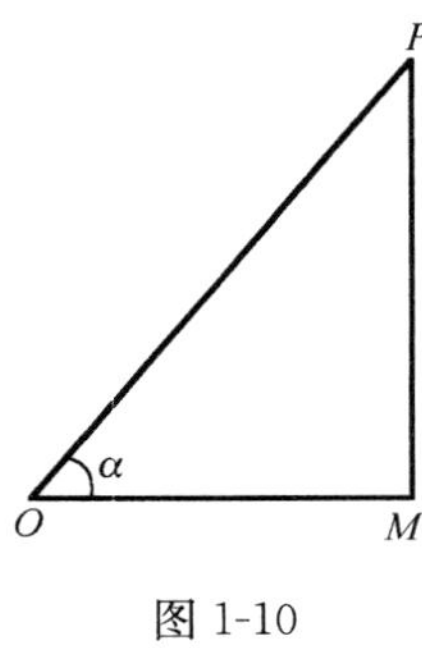

图 1-10

1.2　坐标化

如图 1-11 所示，建立平面直角坐标系，设点 P 的坐标为 (x,y)，那么 $|OP|=\sqrt{x^2+y^2}$，

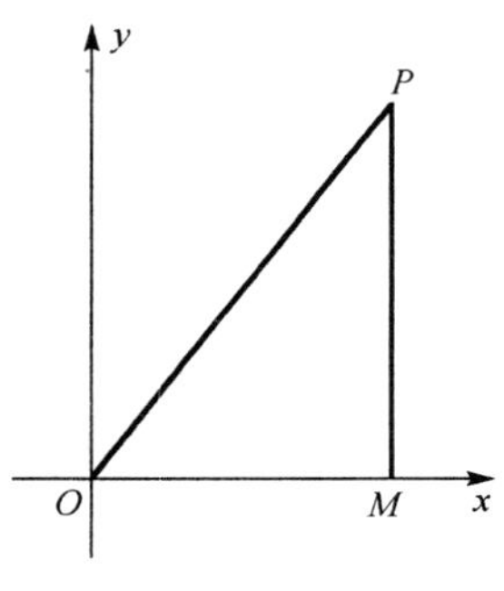

图 1-11

于是

$$\sin\alpha=\frac{y}{\sqrt{x^2+y^2}},\quad \cos\alpha=\frac{x}{\sqrt{x^2+y^2}},\quad \tan\alpha=\frac{y}{x}$$

如图 1-12 所示，线段 $OP=1$，点 P 的坐标为 (x,y)，那么锐角 α 的三角函数可以用坐标表示为

$$\sin\alpha=\frac{MP}{OP}=y,\quad \cos\alpha=\frac{OM}{OP}=x,\quad \tan\alpha=\frac{MP}{OM}=\frac{y}{x}$$

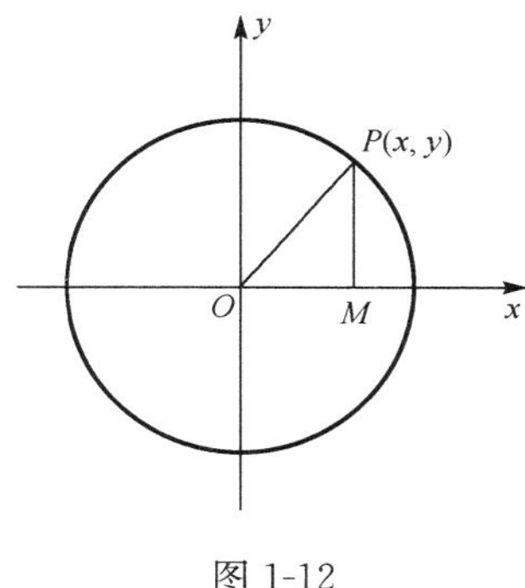

图 1-12

2　正余弦定理

2.1　公式(图 1-13)

正弦定理公式：

$$\frac{a}{\sin A}=\frac{b}{\sin B}=\frac{c}{\sin C}=2R$$

余弦定理公式：

$$a^2=b^2+c^2-2bc\cos A$$
$$b^2=c^2+a^2-2ca\cos B$$
$$c^2=a^2+b^2-2ab\cos C$$
$$\cos A=\frac{b^2+c^2-a^2}{2bc}$$
$$\cos B=\frac{c^2+a^2-b^2}{2ac}$$
$$\cos C=\frac{b^2+a^2-c^2}{2ba}$$

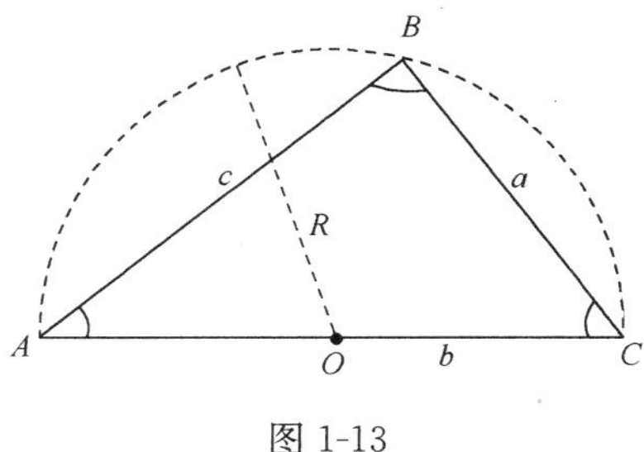

图 1-13

2.2　例题分析

例 6　在 $\triangle ABC$ 中,已知 $c=\sqrt{6}$，$\angle A=45°$，$a=2$，求 b 和 B，C.

解　因为

$$\frac{a}{\sin A}=\frac{c}{\sin C}$$

所以

$$\sin C=\frac{c\sin A}{a}=\frac{\sqrt{6}\times\sin 45^\circ}{2}=\frac{\sqrt{3}}{2}$$

因为

$$0^\circ < C < 180^\circ$$

所以

$$C=60^\circ \text{ 或 } 120^\circ$$

当 $C=60^\circ$ 时,$B=75^\circ$, 则有

$$b=\frac{c\sin B}{\sin C}=\frac{\sqrt{6}\sin 75^\circ}{\sin 60^\circ}=\sqrt{3}+1$$

当 $C=120^\circ$ 时,$B=15^\circ$, 则有

$$b=\frac{c\sin B}{\sin C}=\frac{\sqrt{6}\sin 15^\circ}{\sin 60^\circ}=\sqrt{3}-1$$

所以 $b=\sqrt{3}+1, B=75^\circ, C=60^\circ$ 或 $b=\sqrt{3}-1, B=15^\circ, C=120^\circ$.

3　直角三角形的射影定理

3.1　直角三角形射影定理[又称为欧几里得(Euclid)定理]

直角三角形中,斜边上的高是两直角边在斜边上射影的比例中项.每一条直角边是这条直角边在斜边上的射影和斜边的比例中项.

如图 1-14 所示,在 Rt$\triangle ABC$ 中,$\angle BAC=90^\circ$,AD 是斜边 BC 上的高,则射影定理如下:

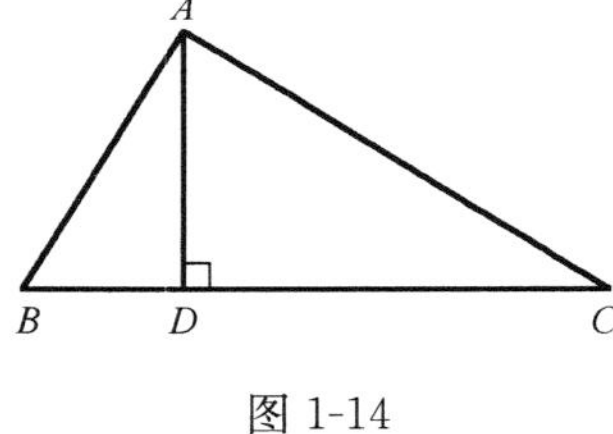

图 1-14

(1) $(AD)^2=BD\cdot DC$;

(2) $(AB)^2=BD\cdot BC$;

(3) $(AC)^2=CD\cdot BC$.

即直角三角形斜边上的高是两直角边在斜边上射影的比例中项;两直角边分别是它们在斜边上射影与斜边的比例中项.

3.2　例题分析

例 7　如图 1-15 所示,$\triangle ABC$ 中,顶点 C 在 AB 边上的射影为 D,且 $CD^2=AD\cdot BD$. 求证: $\triangle ABC$ 是直角三角形.

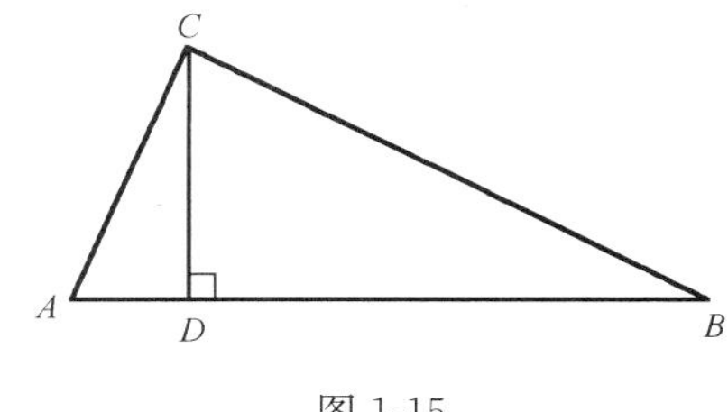

图 1-15

证明　在$\triangle CDA$和$\triangle BDC$中，因为点C在AB上的射影为D，所以$CD \perp AB$，$\angle CDA = \angle BDC = 90°$.

又因为

$$CD^2 = AD \cdot BD$$

所以

$$AD:CD = CD:DB$$

$$\triangle CDA \backsim \triangle BDC$$

在$\triangle ACD$中，因为

$$\angle CAD + \angle ACD = 90°$$

所以

$$\angle BCD + \angle ACD = 90°$$

$$\angle BCD + \angle ACD = \angle ACB = 90°$$

所以$\triangle ABC$是直角三角形.

第四部分　能 力 提 升

(1)测量 V 形槽的角度.按照如图 1-16 所示,即给定高度 H_1,H_2,大小圆的半径 R,r,试写出 V 形槽的角度 α 的计算公式.

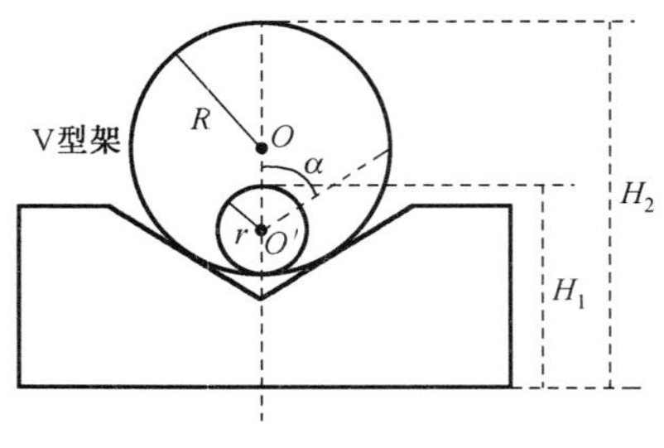

图 1-16

(2)变速器上三个轴孔的距离如图 1-17 所示,在加工这些孔时,需要知道下一个待加工孔中心与当前加工孔中心的距离 x 和 y,才能在完成一个孔的加工后,准确地将刀具对准另一个孔的中心,试根据图 1-17 求 x 和 y 的值.

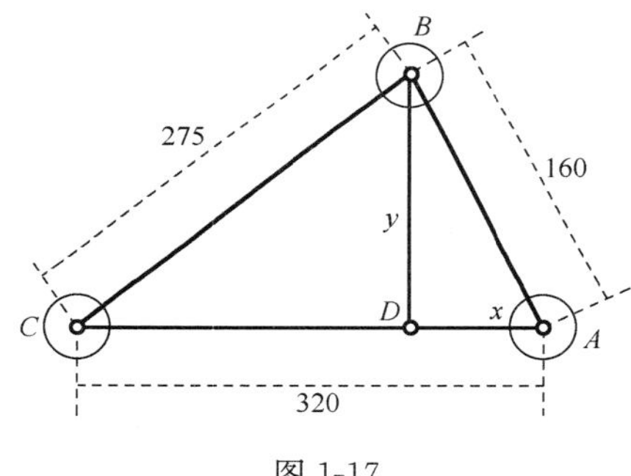

图 1-17

(3)如图 1-18 所示的四轮刀具轮廓,加工时先车好直径为 d 的圆柱,然后铣出 R 为 24.5mm 四段圆弧,试求 d 的大小.

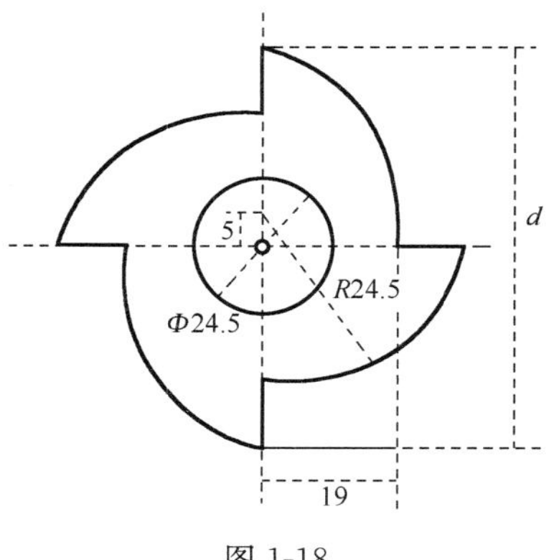

图 1-18

第五部分　信 息 反 馈

学习情景	刀具的角度计算
学号	
姓名	
任课教师	
学生学习疑问反馈	
学习效果自我评价	
教师综合评价	

学习情景二　电学知识解析

第一部分　学习任务分解

学习领域	数学核心能力应用
学习目标	利用数学知识和相应的物理学知识，理解数学与物理的紧密结合，并能解决电学中的计算问题
学习重点	物理学中的数学计算原理和计算方法
学习难点	(1)数学计算方法、计算结果的准确性； (2)电学基础知识的解决
学习思路	复习电学的基础知识—注重定义—用数学知识表达物理学的定义—进行物理计算—解释相关的生活现象
数学工具	电学、导数、三角函数
教学方法	讲授法、案例教学、情景教学法、讨论法、体验学习教学法
学时安排	建议学时 10～14

第二部分　情景学习

1　交变电流的几个基本问题

1.1　交变电流的概念

(1)交变电流.大小和方向都随时间作周期性变化的电流叫做交变电流,简称交流电.

(2)正弦式电流.随时间按正弦规律变化的电流叫做正弦式电流,正弦式电流的图像是正弦曲线,我国用的交变电流都是正弦式电流.

1.2　产生交变电流的基本原理

交变电流的产生,一般都是借助电磁感应现象得以实现的.因此,可以说,产生交变电流的基本原理就是电磁感应现象中所遵循的规律——法拉第电磁感应定律.

1.3　产生交变电流的基本方式

一般来说,利用电磁感应现象来产生交变电流的具体操作方式可以有很多种.例如,线圈在匀强磁场中往复振动,就可以在线圈中产生方向交替变化的交变电流.但这种产生交变电流的操作方式至少有以下两个方面的不足:第一,操纵线圈使之往复振动,相对而言比较困难;第二,使线圈往复振动而产生的交变电流,其规律相对而言比较复杂.正因为如此,尽管理论上产生交变电流的具体操作方式可以有很多种,但人们往往都是选择一种操作较为方便且产生的交变电流的规律较为简单的基本方式——使线圈在匀强磁场中相对做匀速转动而切割磁感线来产生交变电流.这几乎是所有交流发电机的基本模型.

2　正弦交流电的三要素

正弦交流电中,电流强度 i 随时间 t 变化的规律为 $i=I_m\sin(\omega t+\varphi_0)$, $I_m>0$, $\omega>0$, $-\pi\leqslant\varphi_0\leqslant\pi$,其中 I_m 是电流强度的最大值,称为幅值(峰值),ω 称为角频率,表示电流变化的快慢,其单位是“弧度/秒”,交流电的变化周期用 T 表示,单位是“秒”,单位时间内交流电完成周期性变化的次数称为频率,用 f 表示,其单位是“赫兹”(记作 Hz),根据定义可得

$$f=\frac{1}{T},\quad \omega=\frac{2\pi}{T}=2\pi f$$

φ_0 称为初相位(初相),$\omega t+\varphi_0$ 称为相位,相位不仅可以表示电流强度在某一时刻的大小和方向,而且还可以表示电流强度变化的趋势(变大还是变小).

正弦交流电的幅值、频率、初相位是从三个不同的侧面描述交流电特征的物理量,通常称为正弦交流电的三要素.

例 1　计算正弦电压 $u=220\sqrt{2}\sin\left(314t+\frac{\pi}{4}\right)$ 的角频率、频率、周期、幅值、有效值、平均值及初相位.

解　　角频率 $\omega=314(\mathrm{rad/s})$

频率 $f=\frac{\omega}{2\pi}=\frac{314}{2\pi}=50(\mathrm{Hz})$

周期 $T=\frac{1}{f}=\frac{1}{50}=0.02(\mathrm{s})$

幅值 $U_m=220\sqrt{2}\approx 311.9(\mathrm{V})$

有效值 $U=\frac{U_m}{\sqrt{2}}=220(\mathrm{V})$

平均值 $\bar{U}=0.637U_m\approx 198(\mathrm{V})$

初相位 $\omega=\frac{\pi}{4}$

例 2　已知一正弦电流 $i=5\sin(\omega t+30^\circ)\mathrm{A}$，$f=50\mathrm{Hz}$，试问当 $t=0.1\mathrm{s}$ 时，电流的瞬时值为多少安培.

解　因为 $f=50\mathrm{Hz}$，所以 $\omega=2\pi f=2\pi\times 50\mathrm{Hz}=314(\mathrm{rad/s})$.

当 $t=0.1\mathrm{s}$ 时，有

$$\omega t=314\times 0.1=31.4$$

代入瞬时函数式得

$$i=5\sin\left(31.4+\frac{\pi}{6}\right)$$

又因为

$$31.4+\frac{\pi}{6}=10\times 3.14+\frac{\pi}{6}=10\pi+\frac{\pi}{6}$$

所以

$$i=5\sin\left(31.4+\frac{\pi}{6}\right)=5\sin\frac{\pi}{6}=5\times\frac{1}{2}=2.5(\mathrm{A})$$

即该电流在 $t=0.1\mathrm{s}$ 时，电流的瞬时值为 2.5A.

3　正弦交流电的和

在电学中，常遇到把若干个同频率的正弦交流电相加或相减的问题，下面对这个问题进行一些讨论.

若交流电的电压 u_1 和 u_2 为同频率的电压，即

$$u_1=U_{m1}\sin(\omega t+\varphi_1)$$
$$u_2=U_{m2}\sin(\omega t+\varphi_2)$$

利用三角公式将 u_1 和 u_2 相加：

$$\begin{aligned}u=u_1+u_2&=U_{m1}\sin(\omega t+\varphi_1)+U_{m2}\sin(\omega t+\varphi_2)\\&=U_{m1}[\sin\omega t\cos\varphi_1+\sin\varphi_1\cos\omega t]+U_{m2}[\sin\omega t\cos\varphi_2+\sin\varphi_2\cos\omega t]\\&=\sin\omega t(U_{m1}\cos\varphi_1+U_{m2}\cos\varphi_2)+\cos\omega t(U_{m1}\sin\varphi_1+U_{m2}\sin\varphi_2)\end{aligned}$$

假设

$$U_m\cos\varphi=U_{m1}\cos\varphi_1+U_{m2}\cos\varphi_2 \tag{1}$$
$$U_m\sin\varphi=U_{m1}\sin\varphi_1+U_{m2}\sin\varphi_2 \tag{2}$$

$$u = U_m \cos\varphi \sin\omega t + U_m \sin\varphi \cos\omega t = U_m \sin(\omega t + \varphi)$$

将式(1)、式(2)分别平方相加并开方得

$$U_m = \sqrt{(U_{m1}\cos\varphi_1 + U_{m2}\cos\varphi_2)^2 + (U_{m1}\sin\varphi_1 + U_{m2}\sin\varphi_2)^2} \tag{3}$$

将式(2)除以式(1)得

$$\tan\varphi = \frac{U_m \sin\varphi}{U_m \cos\varphi} = \frac{U_{m1}\sin\varphi_1 + U_{m2}\sin\varphi_2}{U_{m1}\cos\varphi_1 + U_{m2}\cos\varphi_2} \tag{4}$$

由此可知,两个同频率的正弦电压之和仍是一个同频率的正弦电压,其幅值 U_m 与初相位 φ 由式(3)与式(4)确定.

4 正弦交流电的瞬时功率

电流 i 流经纯电阻时消耗的功率为

$$P = i^2 R$$

如果 i 是正弦交流电,设

$$i = I_m \sin\omega t$$

则相应的瞬时功率为

$$P = i^2 R = (I_m^2 \sin^2 \omega t)R$$

根据二倍角公式

$$\cos 2\alpha = 1 - 2\sin^2\alpha$$

$$\sin^2\alpha = \frac{1 - \cos 2\alpha}{2}$$

所以

$$P = (I_m^2 \sin^2 \omega t)R = I_m^2 R\left(\frac{1 - \cos 2\omega t}{2}\right) = \frac{I_m^2 R}{2} - \frac{I_m^2 R}{2}\cos 2\omega t$$

可知功率 P 由一个恒定的值 $\frac{I_m^2 R}{2}$ 及一个两倍频率的余弦量 $\frac{I_m^2 R}{2}\cos 2\omega t$ 组成.

5 电容器的充电模型

例 3 如图 2-1 所示,电容器充电过程中两极板的电压 $U(t)$ 与时间 t 的关系为 $U(t) = E(1 - e^{\frac{-t}{RC}})$,其中 E,R,C 为常数,求电容器的充电速度 v.

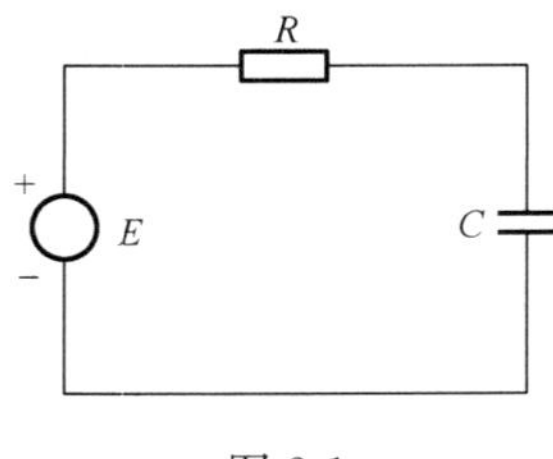

图 2-1

解 充电速度为电压 $U(t)$ 对时间 t 的变化率. 即

$$v=U'(t)=[E(1-e^{\frac{-t}{RC}})]'=E(-e^{\frac{-t}{RC}})\left(\frac{-t}{RC}\right)'=\frac{E}{RC}e^{\frac{-t}{RC}}$$

以上结果表明:充电速度是依指数的规律减小的,当 $t=0$ 时充电最快,其速度为 $U'(0)=\frac{E}{RC}$. 随着电容两端电压的增高,充电速度减慢.

经过 RC 秒后,电容器两端电压 $u=E(1-e^{\frac{-t}{RC}})|_{t=RC}=E(1-e^{-1})\approx 0.63E$.

经过 $3RC$ 秒后,电容器两端电压 $u=E(1-e^{\frac{-t}{RC}})|_{t=3RC}=E(1-e^{-3})\approx 0.95E$.

之后充电速度越来越慢,一般认为经过 $3RC$ 秒后充电停止,因为再往后 $U(t)$ 的增加就更慢.

例 4　在如图 2-2 所示的电路中,当开关 S 合上后,其电流为 $i(t)=\frac{E}{R}e^{-\frac{t}{RC}}$,求当 $t=0$ 开始到 T 时为止电容上的电压.

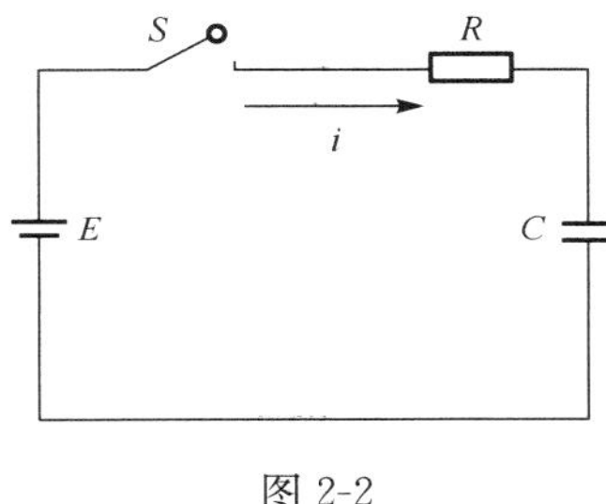

图 2-2

解　由电工学可知

$$U_c=\frac{Q(\text{电量})}{C(\text{电容量})}$$

电容器上积累的电量为

$$\begin{aligned}Q&=\int_0^T i(t)\mathrm{d}t\\&=\int_0^T\frac{E}{R}e^{-\frac{t}{RC}}\mathrm{d}t\\&=-ECe^{-\frac{t}{RC}}\Big|_0^T\\&=-EC(e^{-\frac{T}{RC}}-e^0)\\&=EC(1-e^{-\frac{T}{RC}})\end{aligned}$$

于是,电容器上的电压为 $U_c=\frac{Q(\text{电量})}{C(\text{电容量})}=\frac{EC(1-e^{-\frac{T}{RC}})}{C}=E(1-e^{-\frac{T}{RC}})$.

6　电学中平均值与有效值的计算

例 5　如图 2-3 所示为单相全波整流电路的波形图,交流电源电压经过变压器及整流器供给负载(电阻) R 的电压为 $U=U_m|\sin\omega t|$,计算负载 R 的电压的平均值 U.

解　负载 R 上的电压平均值就是指电压在区间 $\left[0,\frac{2\pi}{\omega}\right]$ 上的平均值,于是有

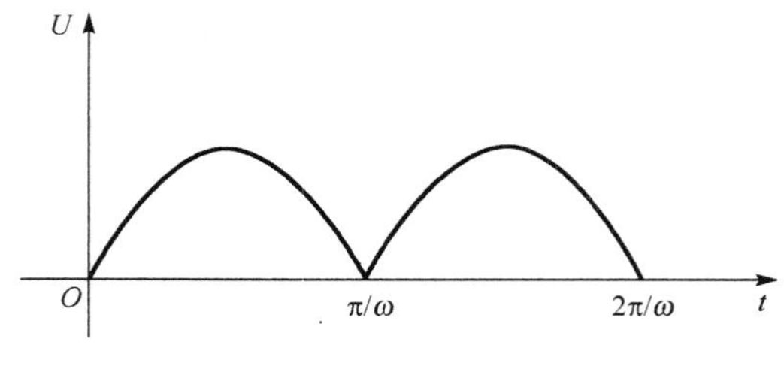

图 2-3

$$\bar{U}=\frac{1}{\frac{2\pi}{\omega}-0}\int_0^{\frac{2\pi}{\omega}}U_m\mid\sin\omega t\mid \mathrm{d}t=\frac{\omega U_m}{2\pi}\int_0^{\frac{2\pi}{\omega}}\mid\sin\omega t\mid \mathrm{d}t$$

$$=\frac{\omega U_m}{2\pi}\cdot 2\int_0^{\frac{\pi}{\omega}}\mid\sin\omega t\mid \mathrm{d}t=\frac{\omega U_m}{2\pi}\cdot 2\int_0^{\frac{\pi}{\omega}}\sin\omega t\,\mathrm{d}t$$

$$=-\frac{U_m\cos\omega t}{\pi}\bigg|_0^{\frac{\pi}{\omega}}=\frac{2}{\pi}U_m$$

例 6 交流电是随时间变化的，要说明它的大小就比较困难，仅知道某一时刻的瞬时值又不足以说明它在电路中的效果. 于是需要利用有效值来说明它的大小. 交流电的有效值是指当交流电流 i 和直流通过同样大小的电阻 R 时，如果在交流电流的一个周期 T 内，两个电流产生的热量相等，则把这个直流电流的数值 I 称为交流电流 i 的有效值. 由试验可知，在时间 T 内直流电通过电阻 R 产生的热量 $Q=0.24I^2RT$.

如果是交流电流，则电流 i 是变化的，但在一小段时间 Δt 内 i 的变化是很小的，可以近似表示在 Δt 内电阻 R 产生的热量为 $\Delta Q=0.24I^2R\Delta t$，于是得到交流电流在一个周期 T 内在 R 上产生的热量 $Q'=\int_0^T 0.24I^2RT\,\mathrm{d}t$.

根据有效值的定义，在同一时间内，$Q=Q'$，即

$$0.24I^2RT=\int_0^T 0.24I^2RT\,\mathrm{d}t$$

将上式化简得到周期性交流电的有效值为

$$I=\sqrt{\frac{1}{T}\int_0^T i^2\,\mathrm{d}t}$$

如果是正弦交流电的情况，即 $i=I_m\sin(\omega t+\varphi)$，则

$$I=\sqrt{\frac{1}{T}\int_0^T i^2\,\mathrm{d}t}=\sqrt{\frac{1}{T}\int_0^T I_m^2\sin^2(\omega t+\varphi)\mathrm{d}t}$$

$$=\sqrt{\frac{1}{T}I_m^2\int_0^T\frac{1-\cos2(\omega t+\varphi)}{2}\mathrm{d}t}$$

$$=\frac{I_m^2}{\sqrt{2}}\sqrt{\frac{1}{T}(t-0)}=\frac{I_m}{\sqrt{2}}\approx 0.707I_m$$

我们把 $I=\sqrt{\frac{1}{T}\int_0^T i^2\,\mathrm{d}t}$ 叫做函数 i 在 $[0,T]$ 上的均方根. 所以周期性电流 i 的有效值就是它在一个周期上的均方根.

第三部分　数学工具

1　三角函数和差化积

1.1　公式的推导

$$\sin(\alpha+\beta)=\sin\alpha\cos\beta+\cos\alpha\sin\beta$$
$$\sin(\alpha-\beta)=\sin\alpha\cos\beta-\cos\alpha\sin\beta$$
$$\cos(\alpha+\beta)=\cos\alpha\cos\beta-\sin\alpha\sin\beta$$
$$\cos(\alpha-\beta)=\cos\alpha\cos\beta+\sin\alpha\sin\beta$$

由以上四个公式可得

$$\sin(\alpha+\beta)+\sin(\alpha-\beta)=2\sin\alpha\cos\beta$$
$$\sin(\alpha+\beta)-\sin(\alpha-\beta)=2\cos\alpha\sin\beta$$
$$\cos(\alpha+\beta)+\cos(\alpha-\beta)=2\cos\alpha\cos\beta$$
$$\cos(\alpha+\beta)-\cos(\alpha-\beta)=-2\sin\alpha\sin\beta$$

即

$$\sin\alpha\cos\beta=\frac{1}{2}[\sin(\alpha+\beta)+\sin(\alpha-\beta)] \tag{1}$$

$$\cos\alpha\sin\beta=\frac{1}{2}[\sin(\alpha+\beta)-\sin(\alpha-\beta)] \tag{2}$$

$$\cos\alpha\cos\beta=\frac{1}{2}[\cos(\alpha+\beta)+\cos(\alpha-\beta)] \tag{3}$$

$$\sin\alpha\sin\beta=-\frac{1}{2}[\cos(\alpha+\beta)-\cos(\alpha-\beta)] \tag{4}$$

公式(1),(2),(3),(4)叫做积化和差公式.

其特点是同名函数之积化为两角和与差余弦的和(差)的一半,异名之积化为两角和与差正弦的和(差)的一半,等式左边为单角 α,β,等式右边为它们的和差角.

在积化和差的公式中,如果"从右往左"看,实质上就是和差化积.为用起来方便,在积化和差的公式中,如果令 $\alpha+\beta=\theta$, $\alpha-\beta=\varphi$, 则 $\alpha=\dfrac{\theta+\varphi}{2}$, $\beta=\dfrac{\theta-\varphi}{2}$. 把这些值代入积化和差的公式(1)中,就有

$$\begin{aligned}&\sin\frac{\theta+\varphi}{2}\cdot\cos\frac{\theta-\varphi}{2}\\=&\frac{1}{2}\left[\sin\left(\frac{\theta+\varphi}{2}+\frac{\theta-\varphi}{2}\right)+\sin\left(\frac{\theta+\varphi}{2}-\frac{\theta-\varphi}{2}\right)\right]\\=&\frac{1}{2}(\sin\theta+\sin\varphi)\end{aligned} \tag{5}$$

所以

$$\sin\theta+\sin\varphi=2\sin\frac{\theta+\varphi}{2}\cdot\cos\frac{\theta-\varphi}{2}$$

同样可得

$$\sin\theta - \sin\varphi = 2\cos\frac{\theta+\varphi}{2}\cdot\sin\frac{\theta-\varphi}{2} \tag{6}$$

$$\cos\theta + \cos\varphi = 2\cos\frac{\theta+\varphi}{2}\cdot\cos\frac{\theta-\varphi}{2} \tag{7}$$

$$\cos\theta - \cos\varphi = -2\sin\frac{\theta+\varphi}{2}\cdot\sin\frac{\theta-\varphi}{2} \tag{8}$$

公式(5),(6),(7),(8)叫做和差化积公式.

其特点是只有是同名函数的和或差才可以化积;余弦的和或差化为同名函数之积;正弦的和或差化为异名函数之积;等式左边为单角 θ 与 φ,等式右边为 $\frac{\theta+\varphi}{2}$ 与 $\frac{\theta-\varphi}{2}$ 的形式.

1.2 注意事项

明确三角函数和差化积公式是由两角和与差的三角函数公式推导而得出来的,进一步明确三角函数中公式虽然多,但都不是孤立的;另外,只有弄清楚公式的来源和公式之间的内在联系,才能更好地记忆和使用它们.

1.3 例题分析

例 7 把下列各式化为和差的形式:

(1) $2\sin 64^\circ\cos 10^\circ$;

(2) $\sin 84^\circ\cos 132^\circ$;

(3) $\cos\frac{\pi}{6}\cos\frac{\pi}{6}$.

分析 利用积化和差公式.

解 (1) $2\sin 64^\circ\cos 10^\circ = \sin 74^\circ + \sin 54^\circ$;

(2) $\sin 84^\circ\cos 132^\circ = \cos 132^\circ\sin 84^\circ = \frac{1}{2}(\sin 226^\circ - \sin 48^\circ)$;

(3) $\cos\frac{\pi}{6}\cos\frac{\pi}{6} = \frac{1}{2}\left(\cos\frac{\pi}{3} + \cos 0^\circ\right) = \frac{3}{4}$.

例 8 把下列各式化为积的形式:

(1) $\cos 3\theta + \cos\theta$;

(2) $\cos 40^\circ - \cos 52^\circ$;

(3) $\sin 54^\circ + \sin 22^\circ$.

解 (1) $\cos 3\theta + \cos\theta = 2\cos\frac{3\theta+\theta}{2}\cos\frac{3\theta-\theta}{2} = 2\cos 2\theta\cos\theta$;

(2) $\cos 40^\circ - \cos 52^\circ = -2\sin\frac{40^\circ+52^\circ}{2}\sin\frac{40^\circ-52^\circ}{2} = 2\sin 46^\circ\sin 6^\circ$;

(3) $\sin 54^\circ + \sin 22^\circ = 2\sin\frac{54^\circ+22^\circ}{2}\cos\frac{54^\circ-22^\circ}{2} = 2\sin 38^\circ\cos 16^\circ$.

2　二倍角公式

2.1　三角形的二倍角公式

$$\sin 2a = 2\sin a\cos a$$
$$\cos 2a = \cos^2 a - \sin^2 a = 2\cos^2 a - 1 = 1 - 2\sin^2 a$$
$$\tan 2a = \frac{2\tan a}{1-\tan^2 a}$$

2.2　注意事项

(1)二倍角公式的作用在于用单角的三角函数来表达二倍角的三角函数，它适于二倍角与单角的三角函数之间的互化问题.

(2)二倍角公式不仅限于 $2a$ 是 a 的二倍的形式，还适于其他如 $4a$ 是 $2a$ 的两倍，$\frac{a}{2}$ 是 $\frac{a}{4}$ 的两倍，$3a$ 是 $\frac{3a}{2}$ 的两倍等，所有这些形式都可以应用二倍角公式，即凡是符合二倍角关系的就可以应用二倍角公式.

(3)二倍角公式是从两角和的三角函数公式中取两角相等时推导出来的，记忆时可以联想相应角的公式.

2.3　二倍角公式变形

$$1 \pm \sin 2a = (\sin a \pm \cos a)^2$$

$$\left.\begin{aligned} 1+\cos 2a &= 2\cos^2 a \\ 1-\cos 2a &= 2\sin^2 a \end{aligned}\right\}\text{升幂降角公式}$$

$$\left.\begin{aligned} \cos^2 a &= \frac{1+\cos 2a}{2} \\ \sin^2 a &= \frac{1-\cos 2a}{2} \end{aligned}\right\}\text{降幂升角公式}$$

2.4　例题分析

例 9　已知 $\sin\left(\frac{\pi}{4}+a\right)\sin\left(\frac{\pi}{4}-a\right)=\frac{1}{6}, a\in\left(\frac{\pi}{2},\pi\right)$，求 $\sin 4a$ 的值.

解　因为

$$\sin\left(\frac{\pi}{4}+a\right)\sin\left(\frac{\pi}{4}-a\right)=\frac{1}{6},\ a\in\left(\frac{\pi}{2},\pi\right)$$

所以

$$\frac{1}{2}\times 2\sin\left(\frac{\pi}{4}+a\right)\sin\left(\frac{\pi}{4}-a\right)=\frac{1}{6}$$

即

$$\sin\left(\frac{\pi}{2}+2a\right)=\frac{1}{3}$$

$$\cos 2a=\frac{1}{3}$$

因为

$$\pi<2a<2\pi$$

所以

$$\sin 2a=-\frac{2\sqrt{2}}{3}$$

即

$$\sin 4a=2\sin 2a\cos 2a=\frac{4\sqrt{2}}{9}$$

3 导数

3.1 导数的定义

定义 1 设函数 $y=f(x)$ 在点 x_0 及其左右附近有定义，当自变量 x 在点 x_0 处取得增量 $\Delta x\ (\Delta x\neq 0)$ 时，相应地，函数 y 取得增量 $\Delta y=f(x_0+\Delta x)-f(x_0)$.

如果当 $\Delta x\to 0$ 时，极限 $\lim\limits_{\Delta x\to 0}\dfrac{\Delta y}{\Delta x}=\lim\limits_{\Delta x\to 0}\dfrac{f(x_0+\Delta x)-f(x_0)}{\Delta x}$ 存在，则称此极限值为函数 $y=f(x)$ 在点 x_0 处的导数，并称函数 $y=f(x)$ 在点 x_0 处可导，记作

$$f'(x_0),\quad y'|_{x=x_0},\quad \left.\frac{\mathrm{d}y}{\mathrm{d}x}\right|_{x=x_0},\quad 或\left.\frac{\mathrm{d}f(x)}{\mathrm{d}x}\right|_{x=x_0}$$

即

$$f'(x_0)=\lim_{\Delta x\to 0}\frac{f(x_0+\Delta x)-f(x_0)}{\Delta x}$$

如果 $\lim\limits_{\Delta x\to 0}\dfrac{\Delta y}{\Delta x}$ 不存在，称函数 $y=f(x)$ 在点 x_0 处不可导. 当极限为无穷大时，虽然函数 $y=f(x)$ 在点 x_0 处不可导，但为方便起见，有时也称函数 $y=f(x)$ 在点 x_0 处的导数为无穷大.

注 (1)导数的定义也可以采取不同的表达形式.

令 $h=\Delta x$，则

$$f'(x_0)=\lim_{h\to 0}\frac{f(x_0+h)-f(x_0)}{h}$$

令 $x_0+\Delta x=x$，当 $\Delta x\to 0$ 时，有 $x\to x_0$，则

$$f'(x_0)=\lim_{x\to x_0}\frac{f(x)-f(x_0)}{x-x_0}$$

(2) $\dfrac{\Delta y}{\Delta x}$ 反映的是曲线在 $[x_0,x]$ 上的平均变化率，而 $f'(x)=\left.\dfrac{\mathrm{d}y}{\mathrm{d}x}\right|_{x=x_0}$ 是在点 x_0 的变化率，它反映了函数 $y=f(x)$ 随 $x\to x_0$ 而变化的快慢程度.

(3)这里 $\left.\frac{\mathrm{d}y}{\mathrm{d}x}\right|_{x=x_0}$ 与 $\left.\frac{\mathrm{d}f}{\mathrm{d}x}\right|_{x=x_0}$ 中的 $\frac{\mathrm{d}y}{\mathrm{d}x}$ 与 $\frac{\mathrm{d}f}{\mathrm{d}x}$ 是一个整体记号,而不能视为分子 $\mathrm{d}y$ 或 $\mathrm{d}f$ 与分母 $\mathrm{d}x$,待到后面再进行讨论.

(4)若极限 $\lim\limits_{\Delta x\to 0}\frac{\Delta y}{\Delta x}$ 即 $\lim\limits_{x\to x_0}\frac{f(x)-f(x_0)}{x-x_0}$ 不存在,就称 $y=f(x)$ 在 $x=x_0$ 点不可导.

特别地,若 $\lim\limits_{\Delta x\to 0}\frac{\Delta y}{\Delta x}=\infty$,也可称 $y=f(x)$ 在 $x=x_0$ 的导数为无穷大,因为此时 $y=f(x)$ 在 x_0 点的切线存在,它是垂直于 x 轴的直线 $x=x_0$.

定义 2　若函数 $y=f(x)$ 在区间 (a,b) 内任一点都可导,则称函数在区间 (a,b) 内可导.

定义 3　若函数 $y=f(x)$ 在区间 (a,b) 内可导,则对于区间 (a,b) 内的每一个 x 值,都有一个导数值 $f'(x)$ 与之对应,所以 $f'(x)$ 也是 x 的函数,称为函数 $y=f(x)$ 的导函数,记作

$$f'(x),\quad y',\quad \frac{\mathrm{d}y}{\mathrm{d}x},\quad 或\frac{\mathrm{d}f(x)}{\mathrm{d}x}$$

即

$$f'(x)=\lim_{\Delta x\to 0}\frac{f(x+\Delta x)-f(x)}{\Delta x}$$

函数在 $y=f(x)$ 点 x_0 处的导数 $f'(x_0)$,就是导函数 $f'(x)$ 在 $x=x_0$ 处的函数值,即

$$f'(x_0)=f'(x)\big|_{x=x_0}$$

3.2　基本初等函数的导数公式

(1) $(C)'=0$;　(2) $(x^{\mu})'=\mu x^{\mu-1}$;

(3) $(\sin x)'=\cos x$;　(4) $(\cos x)'=-\sin x$;

(5) $(\tan x)'=\sec^2 x$;　(6) $(\cot x)'=-\csc^2 x$;

(7) $(\sec x)'=\sec x\cdot\tan x$;　(8) $(\csc x)'=-\csc x\cdot\cot x$;

(9) $(a^x)'=a^x\ln a$;　(10) $(\mathrm{e}^x)'=\mathrm{e}^x$;

(11) $(\log_a x)'=\frac{1}{x\ln a}$;　(12) $(\ln x)'=\frac{1}{x}$;

(13) $(\arcsin x)'=\frac{1}{\sqrt{1-x^2}}$;　(14) $(\arccos x)'=-\frac{1}{\sqrt{1-x^2}}$;

(15) $(\arctan x)'=\frac{1}{1+x^2}$;　(16) $(\mathrm{arccot}\, x)'=-\frac{1}{1+x^2}$.

3.3　导数的四则运算

法则 1　如果 $u=u(x)$,$v=(x)$ 都是 x 的可导函数,则 $y=u\pm v$ 也是 x 的可导函数,并且

$$y'=(u\pm v)'=u'\pm v'$$

这个法则可以推广到有限个可导函数的和的情形,即

$$(u_1 \pm u_2 \pm \cdots \pm u_n)' = u'_1 \pm u'_2 \pm \cdots \pm u'_n$$

例 10 求函数 $y = x^2 - \sin x + 1$ 的导数.

解 $y' = (x^2 - \sin x + 1)' = (x^2)' - (\sin x)' + 1' = 2x - \cos x$.

法则 2 如果 $u = u(x)$, $v = v(x)$ 都是 x 的可导函数,则 $y = uv$ 也是 x 的可导函数,并且

$$y' = (uv)' = u'v + uv'$$

特别地,若 $u = C$(C 为常数),则

$$y' = (Cv)' = Cv'$$

即常数因子可以从导数记号里提出来.

这个法则也可以推广到有限个可导函数积的情形,例如

$$(uv\omega)' = u'v\omega + uv'\omega + uv\omega'$$

例 11 求函数 $y = x^3 \ln x$ 的导数.

解 $y' = (x^3)'\ln x + x^3 (\ln x)' = 3x^2 \ln x + x^2$.

例 12 设 $f(x) = (1 + x^2)\left(1 - \frac{1}{x^2}\right)$, 求 $f'(1)$, $f'(-1)$.

解 (法一)

$$\begin{aligned} f'(x) &= (1 + x^2)'\left(1 - \frac{1}{x^2}\right) + (1 + x^2)\left(1 - \frac{1}{x^2}\right)' \\ &= 2x\left(1 - \frac{1}{x^2}\right) + (1 + x^2)\frac{2}{x^3} \\ &= 2x - \frac{2}{x} + \frac{2}{x} + \frac{2}{x^3} \\ &= 2x + \frac{2}{x^3} \end{aligned}$$

所以

$$f'(1) = 4, f'(-1) = -4$$

(法二)

$$\begin{aligned} f(x) &= (1 + x^2)\left(1 - \frac{1}{x^2}\right) \\ &= 1 - \frac{1}{x^2} + x^2 - 1 \\ &= x^2 - \frac{1}{x^2} \end{aligned}$$

则

$$f'(x) = 2x + \frac{2}{x^3}$$

所以

$$f'(1) = 4, f'(-1) = -4$$

法则 3 设 $u = u(x)$, $v = v(x)$ 都是 x 的可导函数,且 $v \neq 0$,则函数 $y = \frac{u}{v}$ 也是 x 的可导函数,并且

$$y' = \left(\frac{u}{v}\right)' = \frac{u'v - uv'}{v^2}$$

例 13　求函数 $y = \tan x$ 的导数.

解　$y' = \left(\dfrac{\sin x}{\cos x}\right)'$

$= \dfrac{\cos^2 x - (-\sin^2 x)}{\cos^2 x}$

$= \dfrac{1}{\cos^2 x}$

$= \sec^2 x$

所以 $(\tan x)' = \sec^2 x$.

类似地有 $(\cot x)' = -\csc^2 x$.

例 14　求函数 $y = \dfrac{2-x}{2+x}$ 的导数.

解　$y' = \dfrac{(2-x)'(2+x)-(2-x)(2+x)'}{(2+x)^2}$

$= \dfrac{-(2+x)-(2-x)}{(2+x)^2}$

$= -\dfrac{4}{(2+x)^2}$

4　原函数与不定积分

4.1　原函数

定义 4　设 $f(x)$ 是定义在某一区间 I 内的函数，如果存在函数 $F(x)$，使得对于区间 I 内的任意点 x，都有 $F'(x) = f(x)$，或 $\mathrm{d}F(x) = f(x)\mathrm{d}x$，则称函数 $F(x)$ 是 $f(x)$ 在该区间内的一个原函数.

例如，在 $(-\infty, +\infty)$ 内，因为 $(x^2)' = 2x$，$(x^2 + C)' = 2x$（C 为任意常数)，所以 x^2，$x^2 + C$ 都是 $2x$ 的原函数.

定理 1(原函数存在定理)　如果函数 $f(x)$ 在区间 I 内连续，则 $f(x)$ 在该区间内的原函数必定存在.

定理 2　如果函数 $f(x)$ 在区间 I 内有原函数 $F(x)$，则 $F(x)+C$（C 为任意常数)也是 $f(x)$ 在区间 I 内的原函数，且 $f(x)$ 的任一原函数均可表示成 $F(x)+C$ 的形式.

由拉格朗日定理的推论可知，定理 2 的结论是明显的. 此定理表明：函数 $f(x)$ 的任意两个原函数之间仅相差一个常数.

4.2　不定积分的定义

定义 5　如果 $F(x)$ 是函数 $f(x)$ 的一个原函数，则 $f(x)$ 的全体原函数 $F(x)+C$（C 为任意常数)称为 $f(x)$ 的不定积分，记作 $\int f(x)\mathrm{d}x$，即

$$\int f(x)\mathrm{d}x = F(x) + C$$

其中，“$\int$”为**积分号**；$f(x)$ 为**被积函数**；$f(x)\mathrm{d}x$ 为**被积表达式**；x 为**积分变量**；C 为**积分常数**.

由不定积分的定义可知：求已知函数 $f(x)$ 的不定积分，只需求出 $f(x)$ 的一个原函数，然后再加上任意常数 C 即可.

例 15　求下列不定积分：

(1) $\int \mathrm{e}^x \mathrm{d}x$；　　(2) $\int \frac{1}{x^2}\mathrm{d}x$.

解　(1)因为 $(\mathrm{e}^x)' = \mathrm{e}^x$，所以 e^x 是 e^x 的一个原函数，因此 $\int \mathrm{e}^x \mathrm{d}x = \mathrm{e}^x + C$.

(2)由于 $\left(-\frac{1}{x}\right)' = \frac{1}{x^2}$，所以 $-\frac{1}{x}$ 是 $\frac{1}{x^2}$ 的一个原函数，因此 $\int \frac{1}{x^2}\mathrm{d}x = -\frac{1}{x} + C$.

4.3　不定积分的几何意义

一般地，如果 $F(x)$ 是 $f(x)$ 的一个原函数，那么 $y = F(x)$ 的图形称为 $f(x)$ 的积分曲线，由于 $f(x)$ 的不定积分 $\int f(x)\mathrm{d}x$ 的原函数有无穷多个，所以，不定积分 $\int f(x)\mathrm{d}x$ 的图形是一簇积分曲线，即 $y=F(x)+C$，这就是不定积分的几何意义. 如图 2-4 所示，积分曲线族中任一条曲线可由其中某一条(如曲线 $y = F(x)$)上、下平移得到，且在横坐标相同的点处切线相互平行.

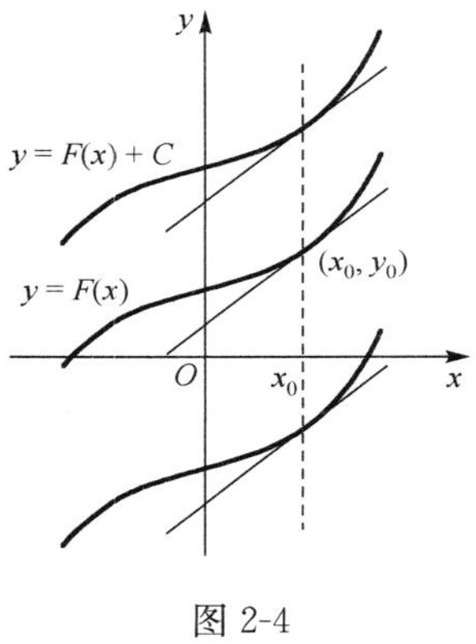

图 2-4

4.4　不定积分的性质

4.4.1　积分与微分的关系

(1) $\left(\int f(x)\mathrm{d}x\right)' = f(x)$，或 $\mathrm{d}\left(\int f(x)\mathrm{d}x\right) = f(x)\mathrm{d}x$；

(2) $\int f'(x)\mathrm{d}x = f(x) + C$，或 $\int \mathrm{d}f(x) = f(x) + C$.

以上两个公式表明：微分运算与积分运算是互逆的，当微分号“d”与积分号“$\int$”连在一起时，或抵消，或抵消后相差一个常数.

例 16　验证下列不定积分的正确性：

(1) $\int x\cos x\mathrm{d}x = x\sin x + C$；

(2) $\int \sin 2x\mathrm{d}x = -\frac{1}{2}\cos 2x + C$.

解　(1)因为 $(x\sin x + c)' = \sin x + x\cos x \neq x\cos x$，所以 $\int x\cos x\mathrm{d}x = x\sin x + C$ 不正确；

(2)由于 $\left(-\frac{1}{2}\cos 2x + c\right)' = -\frac{1}{2}(-2\sin 2x) = \sin 2x$，所以 $\int \sin 2x\mathrm{d}x = -\frac{1}{2}\cos 2x + C$ 正确.

注意　对于初学者，怎样才能知道自己所求的积分结果是否正确.这只需对所求的结果进行求导就可以检验.若结果的导数等于被积函数，则结果是正确的，否则就是错误的.

4.4.2　不定积分的运算性质

(1)两个函数代数和的不定积分等于其不定积分的代数和，即

$$\int [f(x) \pm g(x)]\mathrm{d}x = \int f(x)\mathrm{d}x \pm \int g(x)\mathrm{d}x$$

此性质可以推广到有限个函数代数和的情形.

(2)被积函数中不为零的常数因子可以提到积分号前面，即

$$\int kf(x)\mathrm{d}x = k\int f(x)\mathrm{d}x \quad (k \text{ 为常数，且 } k \neq 0)$$

思考　说明上式中为什么要求 $k \neq 0$.

4.5　基本积分公式

根据微分运算与积分运算的互逆关系和导数公式可得以下不定积分基本公式：

(1) $\int 0\mathrm{d}x = C$；

(2) $\int x^{\alpha}\mathrm{d}x = \frac{1}{\alpha + 1}x^{\alpha+1} + C(\alpha \neq -1)$；

(3) $\int \frac{1}{x}\mathrm{d}x = \ln|x| + C$；

(4) $\int a^{x}\mathrm{d}x = \frac{1}{\ln a}a^{x} + C\ (a > 0, a \neq 1)$；

(5) $\int \mathrm{e}^{x}\mathrm{d}x = \mathrm{e}^{x} + C$；

(6) $\int \sin x\mathrm{d}x = -\cos x + C$；

(7) $\int \cos x\mathrm{d}x = \sin x + C$；

(8) $\int \sec^{2} x\mathrm{d}x = \tan x + C$；

(9) $\int \csc^2 x\mathrm{d}x = -\cot x + C$;

(10) $\int \tan x\sec x\mathrm{d}x = \sec x + C$;

(11) $\int \cot x\csc x\mathrm{d}x = -\csc x + C$;

(12) $\int \frac{1}{\sqrt{1-x^2}}\mathrm{d}x = \arcsin x + C$;

(13) $\int \frac{1}{1+x^2}\mathrm{d}x = \arctan x + C$.

4.6 不定积分的直接积分法

利用不定积分的基本公式和性质可以直接求出一些较简单函数的不定积分，这称为直接积分法. 在直接积分时，有时只需先将被积函数进行一些简单的恒等变形，然后就可以代入基本积分公式计算出结果.

例 17 求 $\int (x-\cos x+2)\mathrm{d}x$.

解 $\int (x-\cos x+2)\mathrm{d}x = \frac{1}{2}x^2 - \sin x + 2x + C$

例 18 求 $\int (x+1)\left(x-\frac{1}{x}\right)\mathrm{d}x$.

解
$$\begin{aligned}\int (x+1)\left(x-\frac{1}{x}\right)\mathrm{d}x &= \int\left(x^2+x-1-\frac{1}{x}\right)\mathrm{d}x \\ &= \int x^2\mathrm{d}x + \int x\mathrm{d}x - \int \mathrm{d}x - \int \frac{1}{x}\mathrm{d}x \\ &= \frac{1}{3}x^3 + \frac{1}{2}x^2 - x - \ln|x| + C\end{aligned}$$

例 19 求 $\int \sqrt{x\sqrt{x}}\mathrm{d}x$.

分析 可以先将积函数化为幂函数再用积分公式进行积分.

解 $\int \sqrt{x\sqrt{x}}\mathrm{d}x = \int x^{\frac{3}{4}}\mathrm{d}x = \frac{4}{7}x^{\frac{7}{4}} + C$.

例 20 求 $\int \frac{x^2}{1+x^2}\mathrm{d}x$.

解
$$\begin{aligned}\int \frac{x^2}{1+x^2}\mathrm{d}x &= \int \frac{(x^2+1)-1}{1+x^2}\mathrm{d}x \\ &= \int\left(1-\frac{1}{1+x^2}\right)\mathrm{d}x \\ &= x - \arctan x + C\end{aligned}$$

思考 如何求 $\int \frac{x^4}{1+x^2}\mathrm{d}x$ 和 $\int \frac{x^8}{1+x^2}\mathrm{d}x$？

例 21　求 $\int \frac{2^{x-1}-5^{x-1}}{10^x}\mathrm{d}x$.

解　$$\int \frac{2^{x-1}-5^{x-1}}{10^x}\mathrm{d}x = \int\left(\frac{1}{2\cdot 5^x}-\frac{1}{5\cdot 2^x}\right)\mathrm{d}x$$

$$= \frac{1}{2}\int\left(\frac{1}{5}\right)^x\mathrm{d}x - \frac{1}{5}\int\left(\frac{1}{2}\right)^x\mathrm{d}x$$

$$= \frac{1}{2}\frac{\left(\frac{1}{5}\right)^x}{\ln\frac{1}{5}} - \frac{1}{5}\frac{\left(\frac{1}{2}\right)^x}{\ln\frac{1}{2}} + C$$

$$= \frac{2^{-x}}{5\ln 2} - \frac{5^{-x}}{2\ln 5} + C$$

例 22　求 $\int \cos^2\frac{x}{2}\mathrm{d}x$.

解　先利用三角恒等式变形,然后再积分.

$$\int \cos^2\frac{x}{2}\mathrm{d}x = \int\frac{1+\cos x}{2}\mathrm{d}x = \frac{1}{2}\int(1+\cos x)\mathrm{d}x = \frac{1}{2}(x+\sin x)+C$$

例 23　求 $\int\frac{1}{\sin^2 x\cos^2 x}\mathrm{d}x$.

解　先利用公式 $\sin^2 x+\cos^2 x=1$ 变形,从而转化为可用基本公式.

$$\int\frac{1}{\sin^2 x\cos^2 x}\mathrm{d}x = \int\frac{\sin^2 x+\cos^2 x}{\sin^2 x\cos^2 x}\mathrm{d}x$$

$$= \int\left(\frac{1}{\cos^2 x}+\frac{1}{\sin^2 x}\right)\mathrm{d}x$$

$$= \int(\sec^2 x+\csc^2 x)\mathrm{d}x$$

$$= \tan x-\cot x+C$$

4.7　不定积分的第一类换元积分法

定理 3　设 $\int f(u)\mathrm{d}u = F(u)+C$, 且 $u=\varphi(x)$ 可导,则

$$\int f[\varphi(x)]\varphi'(x)\mathrm{d}x = \int f[\varphi(x)]\mathrm{d}\varphi(x)$$

$$= F[\varphi(x)]+C$$

定理 3 指明的积分方法称为**不定积分的第一类换元积分法.**

第一类换元积分法的积分过程可以表示为

$$\int f[\varphi(x)]\varphi'(x)\mathrm{d}x = \int f[\varphi(x)]\mathrm{d}\varphi(x)$$

$$\xlongequal{\varphi(x)=u}\int f(u)\mathrm{d}u = F(u)+C$$

$$\xlongequal{u=\varphi(x)} F[\varphi(x)]+C$$

例 24　求 $\int (2x-1)^{10}\mathrm{d}x$.

解　令 $u=2x-1$, 则 $\mathrm{d}u=2\mathrm{d}x$, 于是原积分向 $\int u^{10}\mathrm{d}u$ 转化

$$\int (2x-1)^{10}\mathrm{d}x=\frac{1}{2}\int u^{10}\mathrm{d}u=\frac{1}{2}\cdot\frac{1}{11}u^{11}+C=\frac{1}{22}(2x-1)^{11}+C$$

例 25　求 $\int \mathrm{e}^{3x+2}\mathrm{d}x$.

解　令 $u=3x+2$, 则 $\mathrm{d}u=3\mathrm{d}x$, 于是原积分向 $\int \mathrm{e}^{u}\mathrm{d}u$ 转化

$$\int \mathrm{e}^{3x+2}\mathrm{d}x=\frac{1}{3}\int \mathrm{e}^{u}\mathrm{d}u=\frac{1}{3}\mathrm{e}^{u}+C=\frac{1}{3}\mathrm{e}^{3x+2}+C$$

5　定积分

5.1　定积分的相关概念

定义 6　设函数 $y=f(x)$ 在闭区间 $[a,b]$ 上连续,任取分点

$$a=x_0<x_1<x_2<\cdots<x_n=b$$

将区间 $[a,b]$ 分割成 n 个小区间 $[x_{i-1},x_i]$, 每个小区间的长度记作

$$\Delta x_i=x_i-x_{i-1}\,(i=1,2,\cdots,n)$$

并记 $\lambda=\max\limits_{1\leqslant i\leqslant n}\{\Delta x_i\}$. 任取点 $\xi_i\in[x_{i-1},x_i]$, 作和式

$$S_n=\sum_{i=1}^{n}f(\xi_i)\Delta x_i$$

如果无论对区间 $[a,b]$ 如何进行分割,也无论在小区间上如何取得一点 ξ_i, 只要 $\lambda=\max\limits_{1\leqslant i\leqslant n}\{\Delta x_i\}\to 0$, 和式 S_n 的极限存在,则称 $f(x)$ 在 $[a,b]$ 上**可积**,并称此极限为 $f(x)$ 在区间 $[a,b]$ 上的**定积分**,记作

$$\int_a^b f(x)\mathrm{d}x=\lim_{\lambda\to 0}\sum_{1\leqslant i\leqslant n}^{n}f(\xi_i)\Delta x_i$$

其中,称 $f(x)$ 为**被积函数**; $f(x)\mathrm{d}x$ 为**被积表达式**; x 为**积分变量**; $[a,b]$ 为**积分区间**;而 a, b 分别称为**积分下限**和**积分上限**.

定理 4(微积学基本定理)　如果函数 $f(x)$ 在区间 $[a,b]$ 上连续,且 $F(x)$ 是 $f(x)$ 的任意一个原函数,那么

$$\int_a^b f(x)\mathrm{d}t=F(x)\big|_a^b=F(b)-F(a) \tag{9}$$

公式(9)称为**牛顿-莱布尼茨**(Newton-Leibniz)公式.

牛顿-莱布尼茨公式一方面肯定了连续函数的原函数是存在的,同时也揭示了定积分与原函数的内在联系,从而为我们提供了计算定积分的简便方法:欲求函数 $f(x)$ 在 $[a,b]$ 上的定积分,只要先求出 $f(x)$ 的一个原函数 $F(x)$, 再计算代数式 $F(b)-F(a)$ 的值就行.

微积分学基本定理解决了定积分的计算问题,使得定积分得到了广泛的应用.

5.2　例题分析

例 26　求 $\int_0^1 (x^2+1)\mathrm{d}x$.

解　$\int_0^1 (x^2+1)\mathrm{d}x = \left(\frac{1}{3}x^3 + x\right)\Big|_0^1 = \frac{1}{3}+1-0 = \frac{4}{3}$

例 27　求 $\int_0^1 \frac{x^2-1}{x^2+1}\mathrm{d}x$.

解

$$\begin{aligned}\int_0^1 \frac{x^2-1}{x^2+1}\mathrm{d}x &= \int_0^1 \frac{(x^2+1)-2}{x^2+1}\mathrm{d}x \\ &= \int_0^1 \left(1-\frac{2}{1+x^2}\right)\mathrm{d}x \\ &= (x-2\arctan x)\big|_0^1 = 1-\frac{\pi}{2}\end{aligned}$$

例 28　设 $f(x)=\begin{cases}2x+1, & x\leqslant 1\\ 3x^2, & x>1\end{cases}$，求 $\int_0^2 f(x)\mathrm{d}x$.

解　因 $f(x)$ 在$(-\infty,+\infty)$上连续，故 $f(x)$ 在$[0,2]$可积，所以

$$\begin{aligned}\int_0^2 f(x)\mathrm{d}x &= \int_0^1 f(x)\mathrm{d}x + \int_1^2 f(x)\mathrm{d}x \\ &= \int_0^1 (2x+1)\mathrm{d}x + \int_1^2 3x^2\mathrm{d}x \\ &= (x^2+x)\big|_0^1 + x^3\big|_1^2 \\ &= 2+7=9\end{aligned}$$

例 29　设 $f(x)=|2-x|$，求 $\int_0^4 f(x)\mathrm{d}x$.

解　因 $f(x)$ 在$(0,4)$上连续，且 $f(x)=\begin{cases}2-x, & 0\leqslant x\leqslant 2\\ x-2, & 2<x\leqslant 4\end{cases}$，则有

$$\begin{aligned}\int_0^4 |2-x|\mathrm{d}x &= \int_0^2 (2-x)\mathrm{d}x + \int_2^4 (x-2)\mathrm{d}x \\ &= \left(2x-\frac{1}{2}x^2\right)\Big|_0^2 + \left(\frac{1}{2}x^2-2x\right)\Big|_2^4 \\ &= 2+2=4\end{aligned}$$

注意　在使用牛顿-莱布尼茨公式时，要验证 $f(x)$ 在闭区间$[a,b]$上连续这一条件，否则可能导致错误；如果 $f(x)$ 以点 $c(a<c<b)$ 为第一类间断点，而在$[a,b]$上其余点连续，这时可根据积分区间的可加性，在$[a,c]$和$[c,b]$上分别使用牛顿-莱布尼茨公式.

思考　定积分 $\int_{-1}^1 \frac{1}{x^2}\mathrm{d}x = -\frac{1}{x}\Big|_{-1}^{1} = -2$ 是否正确？

第四部分　能 力 提 升

（1）已知如图 2-5 所示的电路图，电源电动势为 E，内电阻为 r，外电路负载电阻 R 取什么值时，输出功率最大？

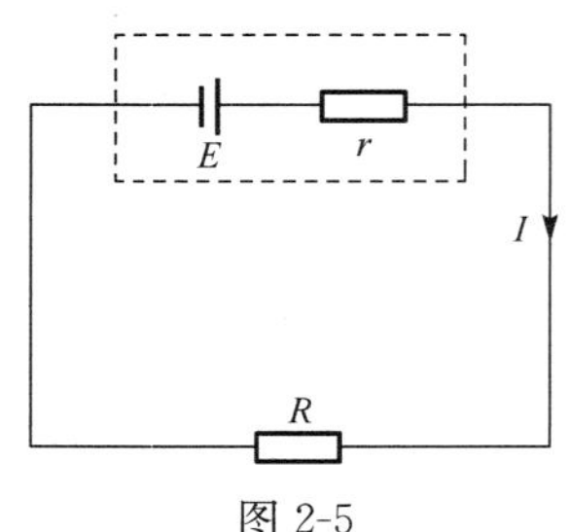

图 2-5

（2）在如图 2-6 所示的 RC 电路中，如果合闸前电容器上的电压 $U_c = 0$，电源电压为 E，求合闸后电压 U_c 的变化规律.

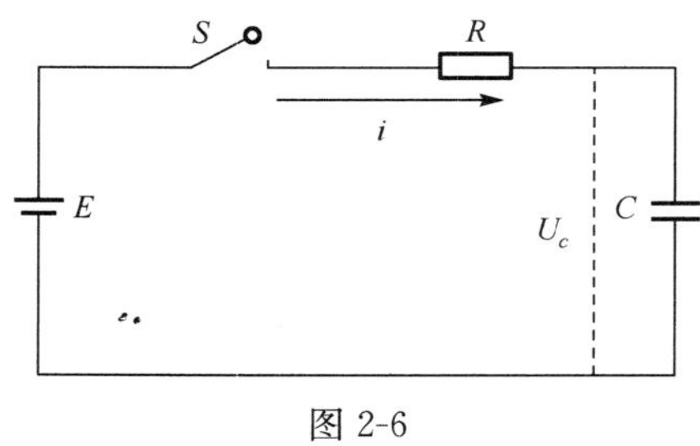

图 2-6

第五部分　信 息 反 馈

学习情景	电学知识解析
学号	
姓名	
任课教师	
学生学习疑问反馈	
学习效果自我评价	
教师综合评价	

学习情景三　双重玻璃的热功效

第一部分　学习任务分解

学习领域	数学核心能力应用
学习目标	根据“双重玻璃的热功效”和两个具体示例的学习，能够运用所学知识，具体问题具体分析，抓住影响事物的主要因素，建立符合实际问题的数学模型
学习重点	(1)领悟分析问题、抓关键要素的思维方式； (2)并建立符合实际问题的数学模型
学习难点	(1)辨别关键因素和次要因素； (2)实际问题转化为理论问题的数学方法和手段； (3)模仿到创新的转变
学习思路	明白问题的描述—分析问题的关键因素和次要因素—关键因素的内在联系—用数学语言来描述内在联系—用数学知识解答—用结论来解释问题—进一步探讨—用简单的示例训练思维方式
数学工具	热传导、导数的概念、解微分方程
教学方法	讲授法、案例教学、情景教学法、讨论法、直观演示、启发式
学时安排	建议学时 6～10

第二部分　情景学习

北方城镇有些建筑物的窗户是双层的，即窗户上装的两层厚度为 d 的玻璃夹着一层厚度为 l 的空气，如图 3-1 所示，据说这种做法是为了保暖，即减少室内向室外的热量流失.

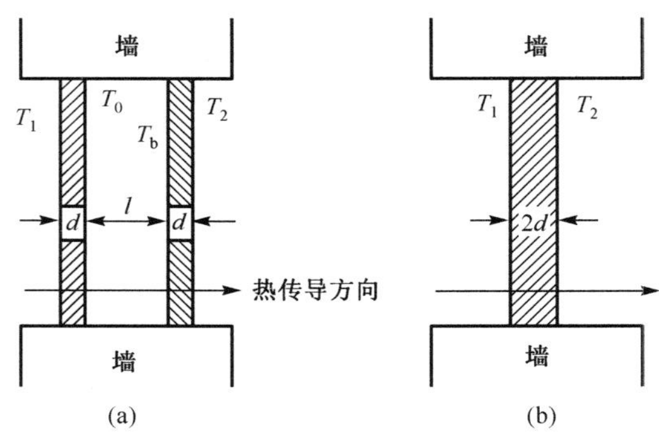

图 3-1

我们要建立一个模型来描述热量通过窗户的热传导（即流失）过程，并将双层玻璃窗与用同样多材料做成的单层玻璃窗（如图 3-1 所示，玻璃厚度为 $2d$ ）的热量传导进行对比，对双层玻璃窗能够减少多少热量损失给出定量分析结果.

分析　房间居室的窗户有的是双层的，即在窗户上装两层玻璃，且中间留有一定的空隙，试比较双层玻璃窗与单层玻璃窗的热量流失？

1　模型假设

(1)设双层玻璃窗的两玻璃的厚度都为 d，两玻璃的间距为 l；单层玻璃窗的玻璃厚度为 $2d$，所用玻璃材料相同，如图 3-2 所示.

(2)假设窗户的封闭性能很好，两层玻璃之间的空气不流动，即忽略热量的对流，只考虑热量的传导.

(3)室内温度 T_1 和室外温度 T_2 保持不变，热传导过程处于稳定状态，即单位时间通过单位面积的热量为常数.

(4)玻璃材料均匀，热传导系数为常数.

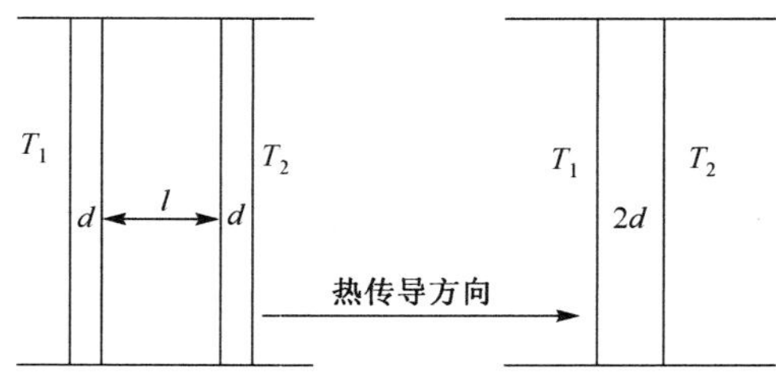

图 3-2

2　符号说明

(1) T_1——室内温度；

(2) T_2——室外温度；

(3) d——单层玻璃厚度；

(4) l——两层玻璃之间的空气厚度；

(5) T_a——内层玻璃的外侧温度；

(6) T_b——外层玻璃的内侧温度；

(7) k——热传导系数；

(8) Q——热量损失.

3　模型建立

由物理学知道，在上述假设的情况下，热传导过程遵从下面的物理规律.

对于厚度为 d 的均匀介质，两侧温度差为 ΔT，则单位时间内由温度高的一侧向温度低的一侧通过单位面积的热量 Q 满足

$$Q = k \cdot \frac{\Delta T}{d}$$

其中，k 为热传导系数.

设玻璃的热传导系数为 k_1，空气的热传导系数为 k_2，以下分两种情况进行讨论.

(1)考虑单层玻璃的单位时间，单位面积的热量传导为

$$Q_1 = k_1 \cdot \frac{T_1 - T_2}{2d} \tag{1}$$

(2)考虑双层玻璃情形.

此时热量先通过厚度为 d 的玻璃传导到两层玻璃的夹层空气中，再通过空气传导，再通过厚度为 d 的玻璃传导；设内层玻璃的外侧温度为 T_a，外层玻璃的内侧温度为 T_b.

则有

$$Q_2 = k_1 \frac{T_1 - T_a}{d} = k_2 \frac{T_a - T_b}{l} = k_1 \frac{T_b - T_2}{d} \tag{2}$$

由式(2)可得

$$\begin{cases} T_a + T_b = T_1 + T_2 \\ T_a - T_b = \dfrac{k_1}{k_2} \dfrac{l}{d}(T_b - T_2) \end{cases} \tag{3}$$

记

$$s = \frac{k_1 l}{k_2 d}$$

则

$$2T_b = T_1 + T_2 - s(T_b - T_2) \tag{4}$$

$$2(T_b - T_2) = T_1 - T_2 - s(T_b - T_2) \tag{5}$$

$$(T_b - T_2) = \frac{1}{2+s}(T_1 - T_2) \tag{6}$$

$$Q_2 = \frac{1}{2+s}\frac{k_1}{d}(T_1 - T_2) \tag{7}$$

考虑两者之比，得

$$\frac{Q_2}{Q_1} = \frac{2}{2+s} \tag{8}$$

显然 $Q_2 < Q_1$，也即双层玻璃的热量损失较小.

所以，北方城镇的有些建筑物的窗户是双层的.

4　模型分析与应用

为了获得更具体的结果，需要 k_1，k_2 的数据，从有关资料可以知道常用玻璃的热传导系数 k_1 为

$$k_1 = 4\times10^{-3} \sim 8\times10^{-3}\text{J/(cm·s·c)}$$

不流通、干燥空气的热传导系数 k_2 为

$$k_2 = 2.5\times10^{-4}\text{J/(cm·s·c)}$$

若取 $\frac{l}{d} = h$，则

$$16h \leqslant S \leqslant 32h$$

故

$$\frac{Q_2}{Q_1} \leqslant \frac{1}{1+8h} \tag{9}$$

若取 $h=4$，则 $\frac{Q_2}{Q_1} \leqslant \frac{1}{33}$. 由此可见双层玻璃的保暖效果是相当可观的.

我国北方寒冷地区的建筑物，通常采用双层玻璃；由式(9)可知，当 $h=4$ 时，$Q_2 \approx \frac{1}{33}Q_1$. h 再大，热量传递的减少就不明显了，再考虑到墙体的厚度，所以建筑规范通常要求 $h \approx 4$.

5　模型讨论

比值 Q/Q' 反映了双层玻璃窗在减少热量损失上的功效，可以看出它只与 $h = l/d$ 有关，图 3-3 给出了 Q/Q'-h 的曲线图，当 h 由 0 增加时，Q/Q' 迅速下降，而当 h 超过一定值(如 $h>4$)后 Q/Q' 下降缓慢，可见 h 不宜选得过大.

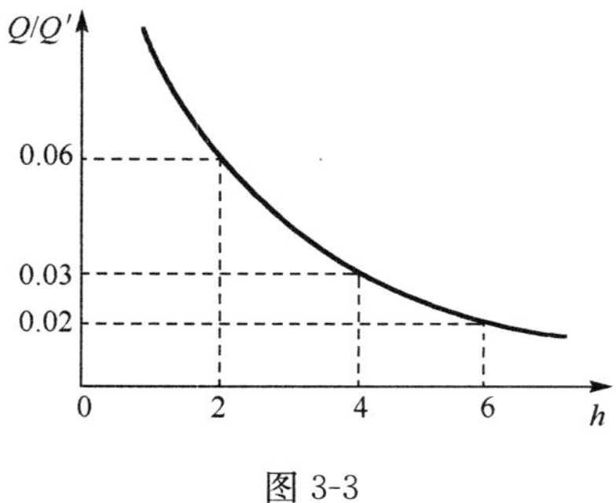

图 3-3

6 模型的应用

这个模型具有一定的应用价值.制作双层玻璃窗虽然工艺复杂并且会增加一些费用,但它减少的热量损失却是相当可观的.通常,在建筑规范中要求 $h=l/d\approx 4$. 所以按照这个模型,$Q/Q'\approx 3\%$,即双层玻璃窗比用同样多的玻璃材料制成的单层窗节约热量 97%左右.不难发现,之所以有如此高的功效主要是因为层间空气的极低的热传导系数 k_2,而这要求空气是干燥、不流通的.作为模型假设的这个条件在实际环境下当然不可能完全满足,所以实际上双层玻璃窗的功效会比上述结果差一些.

第三部分　数学工具

工具　微分方程

1.1　微分方程的基本概念

定义 1　含有未知函数的导数(或微分)的方程称为微分方程.

未知函数是一元函数的微分方程称为常微分方程;未知函数是多元函数的微分方程称为偏微分方程.这里只讨论常微分方程,简称微分方程.

定义 2　微分方程中出现的未知函数的最高阶导数的阶数,称为微分方程的阶.

微分方程 $\frac{\mathrm{d}y}{\mathrm{d}x}=3x^2$ 是一阶微分方程,而方程 $y''-3y'+2y=x$ 是二阶微分方程.

定义 3　若一个函数代入微分方程后能使方程成为恒等式,则称此函数为该微分方程的解.

若微分方程的解中所含任意常数的个数等于该方程的阶数,则称此解为该微分方程的通解.确定微分方程通解中任意常数的条件,称为初始条件.确定通解中任意常数后的解,称为微分方程的特解.

一阶微分方程的初始条件一般表示为

$$\text{当 } x=x_0 \text{ 时}, y=y_0, \quad \text{或写成 } y\big|_{x=x_0}=y_0$$

二阶微分方程的初始条件表示为

$$\text{当 } x=x_0 \text{ 时}, y=y_0, y'(x_0)=y_1; \quad \text{或写成 } y\big|_{x=x_0}=y_0, y'\big|_{x=x_0}=y_1$$

注　微分方程的通解在几何上是一簇积分曲线,特解则是满足初始条件的一条积分曲线.

例 1　验证 $y=C_1\mathrm{e}^x+C_2\mathrm{e}^{-x}$ 是微分方程 $y''-y=0$ 的通解.

解　因为

$$y=C_1\mathrm{e}^x+C_2\mathrm{e}^{-x}, \quad y''=C_1\mathrm{e}^x+C_2\mathrm{e}^{-x}$$

代入原方程,有

$$y''-y=(C_1\mathrm{e}^x+C_2\mathrm{e}^{-x})-(C_1\mathrm{e}^x+C_2\mathrm{e}^{-x})=0$$

由于 C_1, C_2 为两个任意常数,方程的阶数为 2,故 $y=C_1\mathrm{e}^x+C_2\mathrm{e}^{-x}$ 为 $y''-y=0$ 的通解.

例 2　解微分方程 $y''=x\mathrm{e}^x+1$.

解　积分一次,得

$$y'=\int(x\mathrm{e}^x+1)\mathrm{d}x=x\mathrm{e}^x-\mathrm{e}^x+x+C_1$$

再积分一次,得

$$y=\int(x\mathrm{e}^x-\mathrm{e}^x+x+C_1)\mathrm{d}x=x\mathrm{e}^x-2\mathrm{e}^x+\frac{1}{2}x^2+C_1x+C_2$$

一阶微分方程的一般形式为

$$F(x,y,y')=0 \text{ 或 } y'=f(x,y)$$

前者称为一阶隐式微分方程，后者称为一阶显式微分方程. 而形如

$$M(x,y)\mathrm{d}x+N(x,y)\mathrm{d}y=0$$

的形式称为微分形式的一阶微分方程.

1.2　可分离变量的微分方程

定义 4　形如

$$g(y)\mathrm{d}y=f(x)\mathrm{d}x \tag{1}$$

的微分方程称为已分离变量的微分方程.

将式(1)两边积分，得

$$\int g(y)\mathrm{d}y=\int f(x)\mathrm{d}x$$

设 $F(x)$，$G(y)$ 分别为 $f(x)$，$g(y)$ 的一个原函数，于是方程(1)的通解为

$$G(y)=F(x)+C$$

这种求解方式通常称为分离变量法. 其求解步骤：1 分离变量；2 两边积分.

定义 5　形如

$$y'=f(x)g(y) \text{ 或} \frac{\mathrm{d}y}{\mathrm{d}x}=f(x)g(y)$$

或

$$M_1(x)M_2(y)\mathrm{d}x+N_1(x)N_2(y)\mathrm{d}y=0$$

的方程，称为可分离变量微分方程.

显然，可分离变量的微分方程只需通过简单变形就可化为已分离变量的微分方程.

例 3　解微分方程 $\frac{\mathrm{d}y}{\mathrm{d}x}=\frac{x^3}{y^2}$.

解　方程为可分离变量微分方程，分离变量得

$$y^2\mathrm{d}y=x^3\mathrm{d}x$$

两边积分得

$$\int y^2\mathrm{d}y=\int x^3\mathrm{d}x$$

即

$$\frac{1}{3}y^3=\frac{1}{4}x^4+C$$

其中，C 为任意常数.

例 4　求微分方程 $y'=2xy$ 的通解.

解　方程为可分离变量微分方程，分离变量得

$$\frac{\mathrm{d}y}{y}=2x\mathrm{d}x\ (y\neq 0)$$

两边积分得

$$\int\frac{\mathrm{d}y}{y}=\int 2x\mathrm{d}x$$

即

$$\ln|y| = x^2 + C_1$$

从而

$$|y| = \mathrm{e}^{x^2+C_1} = \mathrm{e}^{C_1}\mathrm{e}^{x^2}$$

即

$$y = \pm \mathrm{e}^{C_1}\mathrm{e}^{x^2}$$

因为 $\pm \mathrm{e}^{C_1}$ 是任意非零的常数,考虑到 $y=0$ 也是方程的特解,于是,原方程的通解为

$$y = C\mathrm{e}^{x^2}$$

其中,C 为任意常数.

例 5 求微分方程 $x(1+y^2)\mathrm{d}x - y(1+x^2)\mathrm{d}y = 0$ 满足初始条件 $y|_{x=1}=2$ 的特解.

解 方程为可分离变量微分方程,分离变量得

$$\frac{y}{1+y^2}\mathrm{d}y = \frac{x}{1+x^2}\mathrm{d}x$$

两边积分得

$$\int \frac{y}{1+y^2}\mathrm{d}y = \int \frac{x}{1+x^2}\mathrm{d}x$$

从而得

$$\frac{1}{2}\ln(1+y^2) = \frac{1}{2}\ln(1+x^2) + \frac{1}{2}C_1$$

即

$$1+y^2 = C(1+x^2)$$

将初始条件 $y|_{x=1}=2$ 代入通解,得 $C=\frac{5}{2}$,故所求微分方程特解为

$$1+y^2 = \frac{5}{2}(1+x^2)$$

1.3 一阶线性微分方程

定义 6 形如

$$y' + p(x)y = q(x) \tag{2}$$

的微分方程称为一阶线性微分方程.

若 $q(x) \equiv 0$,则方程

$$y' + p(x)y = 0 \tag{3}$$

称为一阶线性齐次微分方程.

若 $q(x) \neq 0$,则方程

$$y' + p(x)y = q(x) \tag{4}$$

称为一阶线性非齐次微分方程.

1.3.1 一阶线性齐次微分方程的解法

一阶线性齐次微分方程为

$$y' + p(x)y = 0$$

显然，方程是可分离变量方程，分离变量得

$$\frac{1}{y}\mathrm{d}y=-p(x)\mathrm{d}x$$

两边积分得

$$\ln|y|=-\int p(x)\mathrm{d}x+C_1$$

因此，通解为

$$y=C\mathrm{e}^{-\int P(x)\mathrm{d}x} \tag{5}$$

其中，C 为任意常数.

说明　(1)式(3)分离变量后，失去原方程的一个特解 $y=0$，但它可由通解中的 $C=0$ 得到.

(2) $\int P(x)\mathrm{d}x$ 表示 $P(x)$ 的原函数，但在这里不必取 $P(x)$ 的全体原函数，只需取其中一个即可.

(3)分离变量法的步骤：①分离变量；②两边积分.

1.3.2　一阶线性非齐次微分方程的解法——常数变易法

对于 $y'+p(x)y=q(x)$，由于一阶线性非齐次微分方程与一阶线性齐次微分方程左端是一样的，只是右端一个是 $Q(x)$，另一个是 0，所以现设方程的解为

$$y=C(x)\mathrm{e}^{-\int p(x)\mathrm{d}x} \tag{6}$$

所以

$$\begin{aligned} y' &= C'(x)\mathrm{e}^{-\int P(x)\mathrm{d}x}+C(x)\mathrm{e}^{-\int P(x)\mathrm{d}x}[-p(x)] \\ &= C'(x)\mathrm{e}^{-\int P(x)\mathrm{d}x}-p(x)C(x)\mathrm{e}^{-\int P(x)\mathrm{d}x} \end{aligned}$$

为了确定 $C(x)$，把 $y=C(x)\mathrm{e}^{-\int p(x)\mathrm{d}x}$ 及其导数代入原微分方程并化简，得

$$C'(x)\mathrm{e}^{-\int P(x)\mathrm{d}x}=Q(x)$$

即

$$C'(x)=Q(x)\mathrm{e}^{\int P(x)\mathrm{d}x}$$

两边积分得

$$C(x)=\int Q(x)\mathrm{e}^{\int P(x)\mathrm{d}x}\mathrm{d}x+C \tag{7}$$

把 $C(x)$ 代入 $y=C(x)\mathrm{e}^{-\int p(x)\mathrm{d}x}$ 中，就得到一阶线性非齐次微分方程的通解为

$$y=\mathrm{e}^{-\int P(x)\mathrm{d}x}\left[C+\int Q(x)\mathrm{e}^{\int P(x)\mathrm{d}x}\mathrm{d}x\right] \tag{8}$$

注　将通解公式改写成两项之和为

$$y=C\mathrm{e}^{-\int P(x)\mathrm{d}x}+\mathrm{e}^{-\int P(x)\mathrm{d}x}\int Q(x)\mathrm{e}^{\int P(x)\mathrm{d}x}\mathrm{d}x$$

可以看出，上式通解中的第一项是对应的齐次方程(3)的通解，而第二项是非齐次方程(4)的一个特解(可在通解(8)中取 $C=0$ 得到). 由此可知，一阶线性非齐次微分方程的通解

应该是对应齐次方程的通解与非齐次方程的一个特解之和. 这种将对应的齐次方程(3)的通解中的常数 C 变易成函数 $C(x)$，从而得到非齐次方程(4)的通解的方法，称为常数变易法. 在以后的学习过程中，由常数变易法所得结论可以直接作为公式运用，$y = Ce^{-\int P(x)\mathrm{d}x} + e^{-\int P(x)\mathrm{d}x}\int Q(x)e^{\int P(x)\mathrm{d}x}\mathrm{d}x$ 也可以**称为公式法**.

用常数变易法求一阶线性非齐次微分方程的通解的一般解法步骤如下。

第一步：先求出对应的齐次方程的通解 $y = Ce^{-\int p(x)\mathrm{d}x}$；

第二步：根据所求的通解设出非齐次方程的解 $y = C(x)e^{-\int p(x)\mathrm{d}x}$（常数变易）；

第三步：把所设解代入线性非齐次微分方程，解出 $C(x)$，并写出线性非齐次微分方程的通解

$$y = e^{-\int p(x)\mathrm{d}x}\left[C + \int Q(x)e^{\int p(x)\mathrm{d}x}\mathrm{d}x\right]$$

例 6 求方程 $y' - \dfrac{y}{x+1} = e^x(x+1)$ 的通解.

解法一 （公式法）这里 $p(x) = -\dfrac{1}{x+1}$，$Q(x) = e^x(x+1)$，代入公式

$$y = e^{-\int p(x)\mathrm{d}x}\left[C + \int Q(x)e^{\int p(x)\mathrm{d}x}\mathrm{d}x\right]$$

通解为

$$y = e^{\int \frac{1}{x+1}\mathrm{d}x}\left[C + \int e^x(x+1)e^{-\int \frac{1}{x+1}\mathrm{d}x}\mathrm{d}x\right] = (x+1)\left(c + \int e^x\mathrm{d}x\right)$$

即

$$y = (x+1)(e^x + C)$$

解法二 （常数变易法）先解对应的齐次方程

$$y' - \frac{1}{x+1}y = 0$$

分离变量得

$$\frac{\mathrm{d}y}{y} = \frac{\mathrm{d}x}{x+1}$$

积分得

$$\ln y = \ln(x+1) + \ln c$$

故齐次方程的通解为

$$y = c(x+1)$$

设原微分方程的通解为

$$y = c(x)(x+1)$$

代入原方程，可得

$$c'(x) = e^x$$

因此

$$c(x) = \int e^x\mathrm{d}x = e^x + c$$

故齐次方程的通解为

$$y=(x+1)(e^x+c)$$

1.4　几种可降阶的二阶微分方程

1.4.1　最简单的二阶微分方程

定义 7　形如

$$y''=f(x) \tag{9}$$

的微分方程,称为最简单的二阶微分方程.

最简单的二阶微分方程的通解可经过两次积分而求得.

对 $y''=f(x)$ 两边积分,得

$$y'=\int f(x)\mathrm{d}x+C_1$$

再对上式两边积分,得

$$y=\int\left[\int f(x)\mathrm{d}x\right]\mathrm{d}x+C_1x+C_2$$

其中,C_1,C_2 为任意常数.

例 7　解微分方程 $y''=xe^x$.

解　两边积分,得

$$y'=\int xe^x\mathrm{d}x=xe^x-e^x+C_1$$

两边再积分,得

$$y=xe^x-2e^x+C_1x+C_2$$

其中,C_1,C_2 为任意常数.

1.4.2　不显含未知函数 y 的二阶微分方程

定义 8　形如

$$y''=f(x,y') \tag{10}$$

的微分方程,称为不显含未知函数 y 的二阶微分方程.

令 $y'=p$,则 $y''=p'$,代入 $y''=f(x,y')$ 得

$$p'=f(x,p) \tag{11}$$

这是关于未知函数 p 的一阶微分方程,如果能从方程 $p'=f(x,p)$ 中求出通解

$$p=\phi(x,C_1)$$

则方程(11)的通解为

$$y=\int\phi(x,C_1)\mathrm{d}x+C_2$$

例 8　解微分方程 $xy''+y'-x^2=0$.

解　令 $y'=p$,则 $y''=p'$,于是原方程可以化为

$$p'+\frac{1}{x}\cdot p=x$$

此为一阶线性非齐次微分方程,解得

$$p=\left[\int x\mathrm{e}^{\int\frac{1}{x}\mathrm{d}x}\mathrm{d}x+C_1\right]\mathrm{e}^{-\int\frac{1}{x}dx}=\frac{1}{3}x^2+\frac{1}{x}C_1\ (x\neq 0)$$

即

$$y'=\frac{1}{3}x^2+\frac{1}{x}C_1$$

再积分,得原方程的通解

$$y=\int\left(\frac{1}{3}x^2+\frac{1}{x}C_1\right)\mathrm{d}x+C_2=\frac{1}{9}x^3+C_1\ln|x|+C_2$$

1.4.3　不显含自变量 x 的二阶微分方程

定义 9　形如

$$y''=f(y,y') \tag{12}$$

的方程称为不显含自变量 x 的二阶微分方程.

如果将方程 $y''=f(y,y')$ 中的 y' 看成 y 的函数 $y'=p(y)$，则

$$y''=\frac{\mathrm{d}p}{\mathrm{d}x}=\frac{\mathrm{d}p}{\mathrm{d}y}\cdot\frac{\mathrm{d}y}{\mathrm{d}x}=p\cdot\frac{\mathrm{d}p}{\mathrm{d}y}$$

于是原方程变为

$$p\frac{\mathrm{d}p}{\mathrm{d}y}=f(y,p)$$

设方程 $p\dfrac{\mathrm{d}p}{\mathrm{d}y}=f(y,p)$ 的通解 $p=\phi(y,C_1)$ 已求出,则由 $\dfrac{\mathrm{d}y}{\mathrm{d}x}=p=\phi(y,C_1)$，可得方程(12)的通解为

$$\int\frac{\mathrm{d}y}{\phi(y,C_1)}=x+C_2$$

例 9　求微分方程 $y''=\dfrac{3}{2}y^2$，满足初始条件 $y|_{x=3}=1,y'|_{x=3}=1$ 的特解.

解　令 $y'=p(y)$，则 $y''=p\dfrac{\mathrm{d}p}{\mathrm{d}y}$，代入原方程得

$$p\frac{\mathrm{d}p}{\mathrm{d}y}=\frac{3}{2}y^2$$

即

$$2p\mathrm{d}p=3y^2\mathrm{d}y$$

两边积分,得

$$p^2=y^3+C_1$$

由初始条件,得 $C_1=0$. 所以 $p^2=y^3$，或 $p=y^{\frac{3}{2}}$ (因 $y'|_{x=3}=1>0$，故取正号),即

$$\frac{\mathrm{d}y}{\mathrm{d}x}=y^{\frac{3}{2}}\ \text{或}\ y^{-\frac{3}{2}}\mathrm{d}y=\mathrm{d}x$$

两边积分,得

$$-2y^{-\frac{1}{2}}=x+C_2$$

再由初始条件 $y|_{x=3}=1$，得 $C_2=-5$，代入整理后得

$$y=\frac{4}{(x-5)^2}$$

即方程满足初始条件的特解.

1.5　二阶常系数线性微分方程

1.5.1　二阶常系数线性微分方程的形式

定义 10　形如

$$y''+py'+qy=f(x) \tag{13}$$

的微分方程,称为二阶常系数线性微分方程.其中 p,q 是常数,$f(x)$ 是关于 x 的函数.

当 $f(x)\equiv 0$ 时,方程

$$y''+py'+qy=0 \tag{14}$$

称为二阶常系数齐次线性微分方程.

当 $f(x)\neq 0$ 时,方程

$$y''+py'+qy=f(x) \tag{15}$$

称为二阶常系数非齐次线性微分方程.

1.5.2　二阶常系数齐次线性微分方程的解法

定理 1　如果函数 y_1,y_2 是二阶齐次线性微分方程 $y''+py'+qy=0$ 的两个特解,那么函数 $y=C_1y_1+C_2y_2$(C_1,C_2 为任意常数)也就是该方程的解,并且当 $\frac{y_1}{y_2}\neq$ 常数时,函数 $y=C_1y_1+C_2y_2$ 就是该方程的通解.

方程 $r^2+pr+q=0$ 称为微分方程 $y''+py'+qy=0$ 的特征方程,特征方程的根称为微分方程(14)的特征根.

求二阶常系数齐次线性微分方程 $y''+py'+qy=0$ 的通解步骤可归纳如下.

第一步:写出微分方程(14)对应的特征方程 $r^2+pr+q=0$;

第二步:求出两个特征根 r_1,r_2;

第三步:根据两个特征根的情况,按表 3-1 写出微分方程(14)的通解.

表 3-1

特征方程 $r^2+pr+q=0$ 的两个根 r_1,r_2	微分方程 $y''+py'+qy=0$ 的通解
两个不相等的实数根 r_1,r_2	$y=C_1e^{r_1x}+C_2e^{r_2x}$
两个相等的实数根 $r_1=r_2=r$	$y=(C_1+C_2x)e^{rx}$
一对共轭虚根 $r_{1,2}=\alpha\pm i\beta$	$y=e^{\alpha x}(C_1\cos\beta x+C_2\sin\beta x)$

例 10　求方程 $y''-5y'+6y=0$ 的通解.

解　微分方程 $y''-5y'+6y=0$ 是二阶常系数齐次线性微分方程,其特征方程为

$$r^2-5r+6=0$$

特征根为

$$r_1=2,r_2=3$$

所以原方程的通解为

$$y=C_1e^{2x}+C_2e^{3x}\text{(其中,}C_1,C_2\text{ 为任意常数)}$$

例 11 求方程 $4y''-4y'+y=0$ 满足初始条件 $y|_{x=0}=1$, $y'\Big|_{x=0}=\dfrac{5}{2}$ 的特解.

解 方程为二阶常系数齐次线性微分方程,其特征方程为 $4r^2-4r+1=0$.

特征根为

$$r_1=r_2=\frac{1}{2}$$

所以原方程的通解为

$$y=(C_1+C_2x)e^{\frac{x}{2}}$$

所以

$$y'=\frac{1}{2}(C_1+C_2x)e^{\frac{x}{2}}+C_2e^{\frac{x}{2}}$$

将初始条件 $y|_{x=0}=1$, $y'\Big|_{x=0}=\dfrac{5}{2}$ 代入以上两式,得 $C_1=1$, $C_2=2$.

于是所求原方程的特解为

$$y=(1+2x)e^{\frac{x}{2}}$$

1.5.3 二阶常系数非齐次线性微分方程的解法

定理 2 设 Y 是方程 $y''+py'+qy=0$ 的通解, $\bar{y}$ 是方程 $y''+py'+qy=f(x)$ 的一个特解,则

$$y=Y+\bar{y}$$

就是方程 $y''+py'+qy=f(x)$ 的通解.

在这里,给出 $f(x)=P_n(x)e^{\lambda x}$ 的特解的形式,见表 3-2.

表 3-2

$f(x)$ 的形式	特解的形式	
$f(x)=P_n(x)e^{\lambda x}$ (其中 $P_n(x)$ 是关于 x 的一个 n 次多项式, λ 为实数)	λ 不是特征方程的根	$\bar{y}=Q_n(x)e^{\lambda x}$
	λ 是特征方程的单根	$\bar{y}=xQ_n(x)e^{\lambda x}$
	λ 是特征方程的重根	$\bar{y}=x^2Q_n(x)e^{\lambda x}$
	以上形式中的 $Q_n(x)$ 代表与 $P_n(x)$ 同次的待定多项式	

例 12 求方程 $y''+2y'+5y=5x+2$ 的一个特解.

解 因为 $\lambda=0$ 不是特征方程 $r^2+2r+5=0$ 的根,所以可设特解为 $\bar{y}=Ax+B$, 则 $\bar{y}'=A$, $\bar{y}''=0$, 代入原方程得

$$2A+5Ax+5B=5x+2$$

比较两端 x 的同次幂的系数得

$$\begin{cases}5A=5\\2A+5B=2\end{cases}$$

解得 $A=1,B=0$. 所以原方程的一个特解为

$$\bar{y}=x$$

例 13 求方程 $y''-3y'+2y=3xe^{2x}$ 的通解.

解 方程对应的特征方程为

$$r^2-3r+2=0$$

齐次方程的通解为

$$Y=C_1\mathrm{e}^x+C_2\mathrm{e}^{2x}$$

因为 $\lambda=2$ 是特征方程的单根，于是原方程的一个特解可设为 $\bar{y}=x(Ax+B)\mathrm{e}^{2x}$，则

$$\begin{cases}\bar{y}'=\mathrm{e}^{2x}[2Ax^2+(2A+2B)x+B]\\ \bar{y}''=\mathrm{e}^{2x}[4Ax^2+(8A+4B)x+(2A+4B)]\end{cases}$$

将 $\bar{y}$，$\bar{y}'$，$\bar{y}''$ 代入原方程，得

$$2Ax+(2A+B)=3x$$

于是得

$$\begin{cases}2A=3\\ 2A+B=0\end{cases}$$

解得

$$\begin{cases}A=\dfrac{3}{2}\\ B=-3\end{cases}$$

则特解为

$$\bar{y}=x\left(\frac{3}{2}x-3\right)\mathrm{e}^{2x}=\left(\frac{3}{2}x^2-3x\right)\mathrm{e}^{2x}$$

因此，原方程的通解为

$$y=C_1\mathrm{e}^x+C_2\mathrm{e}^{2x}+\left(\frac{3}{2}x^2-3x\right)\mathrm{e}^{2x}$$

第四部分　能力提升

1　习题示例一——衰变问题

镭、铀等放射性元素因不断放射出各种射线而逐渐减少其质量，这种现象称为放射性物质的衰变. 根据试验得知，衰变速度与现存物质的质量成正比，求放射性元素在时刻 t 的质量.

用 x 表示该放射性物质在时刻 t 的质量，则 $\frac{\mathrm{d}x}{\mathrm{d}t}$ 表示 x 在时刻 t 的衰变速度，于是"衰变速度与现存的质量成正比"可表示为

$$\frac{\mathrm{d}x}{\mathrm{d}t}=-kx$$

这是一个以 x 为未知函数的一阶方程，它就是放射性元素衰变的数学模型，其中 $k>0$ 是比例常数，称为衰变常数，因元素的不同而异. 方程右端的负号表示当时间 t 增加时，质量 x 减少.

解方程得通解 $x=C\mathrm{e}^{-kt}$. 若已知当 $t=t_0$ 时，$x=x_0$，代入通解 $x=C\mathrm{e}^{-kt}$ 中可得 $C=x_0\mathrm{e}^{-kt_0}$，则可得到方程的特解 $x=x_0\mathrm{e}^{-k(t-t_0)}$. 它反映了某种放射性元素衰变的规律.

2　习题示例二——新产品的推广模型

设有某种新产品要推向市场，t 时刻的销量为 $x(t)$，由于产品性能良好，每个产品都是一个宣传品，因此，t 时刻产品销售的增长率 $\frac{\mathrm{d}x}{\mathrm{d}t}$ 与 $x(t)$ 成正比，同时，考虑到产品销售存在一定的市场容量 N，统计表明 $\frac{\mathrm{d}x}{\mathrm{d}t}$ 与尚未购买该产品的潜在顾客的数量 $N-x(t)$ 也成正比，于是有

$$\frac{\mathrm{d}x}{\mathrm{d}t}=kx(N-x)$$

其中，k 为比例系数. 分离变量积分，可以解得

$$x(t)=\frac{N}{1+C\mathrm{e}^{-kNt}}$$

由 $\frac{\mathrm{d}x}{\mathrm{d}t}=\frac{CN^2k\mathrm{e}^{-kNt}}{(1+C\mathrm{e}^{-kNt})^2}$ 和 $\frac{\mathrm{d}^2x}{\mathrm{d}t^2}=\frac{Ck^2N_3\mathrm{e}^{-kNt}(C\mathrm{e}^{-kNt}-1)}{(1+C\mathrm{e}^{-kNt})^2}$ 得到以下结论.

(1)当 $x(t^*)<N$ 时，则 $\frac{\mathrm{d}x}{\mathrm{d}t}>0$，即销量 $x(t)$ 单调增加；

(2)当 $x(t^*)=\frac{N}{2}$ 时，$\frac{\mathrm{d}^2x}{\mathrm{d}t^2}=0$；

(3)当 $x(t^*)>\frac{N}{2}$ 时，$\frac{\mathrm{d}^2x}{\mathrm{d}t^2}<0$；

(4)当 $x(t^*) < \frac{N}{2}$ 时,即当销量达到最大需求量 N 的一半时,产品最为畅销,当销量不足 N 的一半时,销售速度不断增大,当销量超过一半时,销售速度逐渐减少.

3　习题示例三——减肥模型

某人的食量是10467(焦/天),其中5038(焦/天)用于基本的新陈代谢(即自动消耗).在健身训练中,他所消耗的热量大约是69(焦/(千克·天))乘以他的体重(公斤).假设以脂肪形式储藏的热量100%地有效,而1千克脂肪含热量41868(焦),试研究此人的体重随时间变化的规律.

(1)模型分析.

在问题中并未出现"变化率"、"导数"这样的关键词,但要寻找的是体重(记为 W)关于时间 t 的函数.如果把体重 W 看成时间 t 的连续可微函数,就能找到一个含有 $\frac{\mathrm{d}W}{\mathrm{d}t}$ 的微分方程.

(2)模型假设.

① 以 $W(t)$ 表示 t 时刻某人的体重,并设一天开始时人的体重为 W_0;

② 体重的变化是一个渐变的过程,因此可认为 $W(t)$ 是关于 t 连续而且充分光滑的;

③ 体重的变化等于输入与输出之差,其中输入是指扣除了基本新陈代谢之后的净食量吸收;输出就是进行健身训练时的消耗.

(3)模型建立.

问题中所涉及的时间仅是"每天",因此,对于"每天"体重的变化=输入-输出.

由于考虑的是体重随时间的变化情况,所以,可得体重的变化/天=输入/天-输出/天,并代入具体的数值,得

$$\text{输入}/\text{天} = 10467(\text{焦}/\text{天}) - 5038(\text{焦}/\text{天}) = 5429(\text{焦}/\text{天})$$

输出/天=69(焦/(千克·天))×W(千克)=69W(焦/天)

体重的变化/天= $\frac{\Delta W}{\Delta t}$(千克/天),考虑单位的匹配,利用"千克/天= $\frac{\text{天}/\text{焦}}{41868\,\text{焦}/\text{千克}}$ ".

根据以上的示例和提示,建立相应的微分方程模型并对该模型进行求解.

第五部分　信 息 反 馈

学习情景	双重玻璃的热功效
学号	
姓名	
任课教师	
学生学习疑问反馈	
学习效果自我评价	
教师综合评价	

学习情景四　工件加工热变形的误差控制

第一部分　学习任务分解

学习领域	数学核心能力应用
学习目标	利用所学的数学知识，理解、分析热变形的数学模型
学习重点	(1)如何分析热变形的要素； (2)理解工件热变形后的几何性状； (3)三角函数的定义； (4)建立热变形的数学模型
学习难点	(1)数学知识和实际问题的结合； (2)建立热变形数学模型思路； (3)热变形问题的解决
学习思路	了解工件加工的情况—分析加工过程中热变形产生的原因—热变形后的工件性状—抽象出数学图形—利用所学数学知识分析问题—建立数学模型—求解数学模型—解释结论
数学工具	三角函数、定积分、幂级数、等价无穷小
教学方法	讲授法、案例教学、情景教学法、启发式
学时安排	建议学时 6～10

第二部分 情景学习

机械零件切削加工过程中，由于工艺系统产生大量热的作用，形成一个复杂的热应力场，该应力场产生的应变改变了被加工工件的形状、原有尺寸精度和工艺系统间的相互位置关系，破坏了工件与刀具之间相对运动时正常的位置精度，造成某些难以控制的热变形加工误差. 这种误差发生在一般精度要求的零件上，可以凭借工作经验适度修正或忽略不计，若发生在一些高精度要求的重要零件上则必须慎重对待，特别是在精密加工和超精密加工、精密机床加工行业，这一影响尤为突出. 据统计，在精密加工和超精密加工中，由于热变形引起的加工误差占总加工误差的 50%～70%，对形位误差影响更大，占 70%～80%. 热变形造成的误差不仅降低了加工精度，而且使夹具和刀具损耗率提高，为最终消除热变形过程残留的内应力，不得不增加新的热处理和精加工工序，使生产效率下降，直接影响了企业的经济效益.

为了减少热变形造成的误差，经常对工艺系统预热或在加工过程中调整机床和夹具，此方法全依靠技术人员的工作经验. 当今数控加工中心(MC)和柔性制造系统(FMS)的发展，群控系统(DNC)、计算机辅助工艺过程设计(CAPP)、柔性制造单元(FMC)、计算机集成制造系统(CIMS)等高新制造技术的推广应用，其加工误差很少再由人工补偿，而是依靠机床和工艺系统自动控制，这使得热变形加工误差的影响更为严重.

工艺系统的热源分为外部热源和内部热源. 外部热源主要是环境热和辐射热等，由于分布均衡，其影响相对较小，一般可忽略不计. 内部热源有切削热、工艺系统中运动副产生的摩擦热及动力源、液压系统、冷却系统等工作时产生的热，而其主要部分是切削热，其共同点是分布不均衡，切削热对工件加工精度的影响最为直接. 试验证明，切削加工时传给工件的热约占 50%以上，磨削加工时传给工件的热量多达 80%以上，磨削区温度可高达 800～1000℃. 由于磨削属于精密加工，所以磨削热变形将直接影响工件的表面质量和加工精度，因此，这里以磨削热变形为重点来进行研究和分析.

1 条形工件单面磨削热变形应力应变分析

金属材料在温度突然升高的情况下，将产生热应力而变形. 例如，单面受热，则在其内应力作用下出现弯曲变形现象，单面受热弯曲变形模型如图 4-1 所示. 从其变形特征可以明显地看出，由于单面热变形而产生的内应力，使 A 面(即被加工面)受力弯曲变长，B 面弯曲保持原有长度 l，中性层亦变形并被拉长，这与机械加工中产生的纯弯曲(中性层长度不变)是有区别的，在分析计算时应引起注意.

随着加工过程的进行，热变形越来越明显，被加工面(A 面)因热变形而凸起的部分将被不断切除，工件被加工成如图 4-2 所示的形状.

加工完毕后冷却，根据应力应变曲线规律，工件将部分恢复原状，则出现如图 4-3 所示的最终加工形状模型.

在图 4-3 中，中间部分出现凹陷区. 这对于技术要求不高的零件影响不大，但对于重要零件是不容忽视的误差. 典型实例如车床上的导轨面，对其形位精度规定有四项检验指标，即导轨在水平面内的直线度、导轨在垂直面内的直线度、前后两导轨在垂直面内的平行度(控制导轨扭曲)和导轨与主轴回转轴线的平行度.特别是对直线度精度要求很高,精密机床导轨面误差一般应控制在(0.005～0.01)/1000,而且其形状特征应为凸型,尽可能避免中间下陷现象的出现.

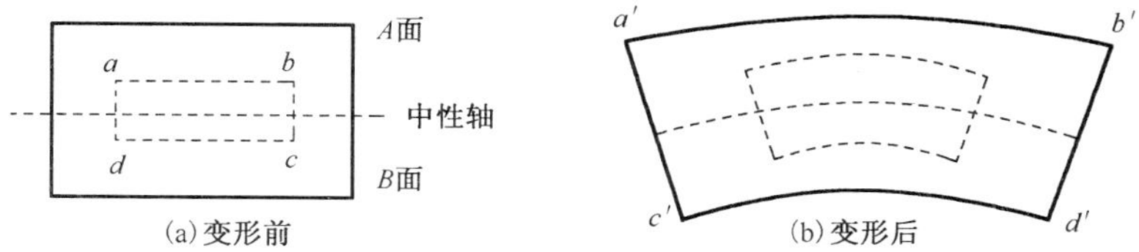

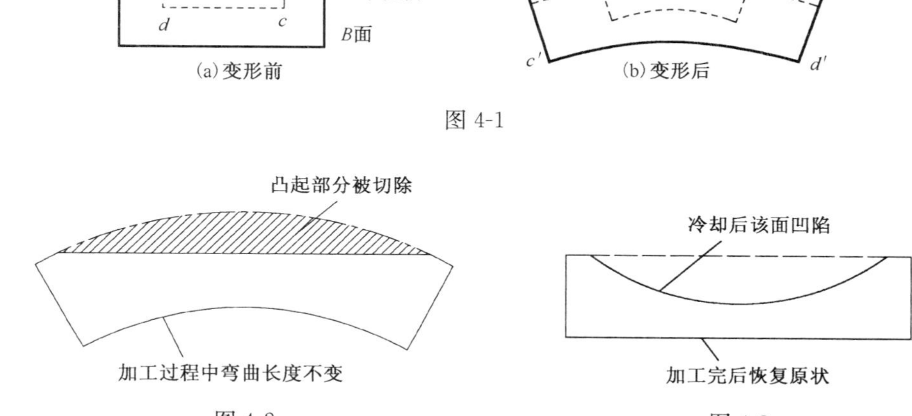

图 4-1

图 4-2　　图 4-3

由此可见,对于以上这些重要零件的加工,在最后精密加工——磨削导轨面时,应高度重视热应力应变所造成的变形影响.而所有加工方法中,磨削热变形最严重.所以,可将条形工件磨削热变形作为典型来建立计算公式.

2　条形工件单面加工热变形计算公式的建立

2.1　简单计算法

磨削加工弯曲变形计算模型如图 4-4 所示.

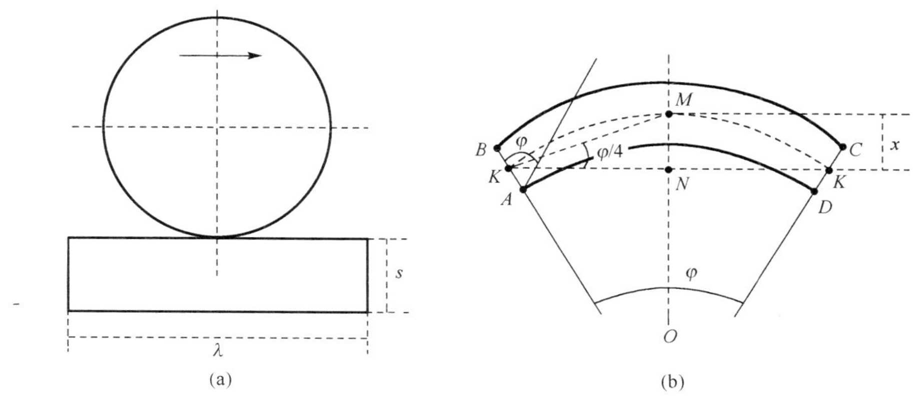

图 4-4

在图 4-4 中，设工件长度为 λ，厚为 s，上下表面的温差为 Δt，上表面受切削热影响而伸长，而下表面未伸长，根据热变形规律，工件将变成向上凸起的形状，以 x 表示最大变形量，则由弧长和圆心角的关系可得

$$\angle MKN = \frac{\varphi}{4}$$

由直角三角形的正切公式可得

$$\tan\frac{\varphi}{4} = \frac{x}{\frac{\lambda}{2}}$$

即

$$x = \frac{\lambda}{2}\tan\frac{\varphi}{4}$$

由于 φ 很小，所以由等价无穷小量得

$$\tan\frac{\varphi}{4} \approx \frac{\varphi}{4}$$

故

$$x = \frac{\lambda\varphi}{8} \tag{1}$$

又

$$R\cdot\varphi - (R-s)\cdot\varphi = a\cdot\lambda\cdot\Delta t$$

$$\varphi = \frac{a\cdot\lambda\cdot\Delta t}{s} \tag{2}$$

将式(2)代入式(1)，得

$$x = a\cdot\Delta t\cdot\frac{\lambda^2}{8s} \tag{3}$$

其中，a 为材料的热膨胀系数；钢材 $a = 12\times 16^{-6}/℃$；铸铁 $a = 10.8\times 16^{-6}/℃$.

2.2　幂级数展开法

如图 4-4 所示，由于中心角 φ 很小，所以中性层的弦长可近似为原长 λ，设圆弧的中心为 O 点，则热变形最大变形量 x 可作如下近似计算：

$$x = KO - NO = KO - KO\cos\frac{\varphi}{2} = KO\left(1-\cos\frac{\varphi}{2}\right)$$

又

$$\lambda = KO\cdot\varphi$$

所以

$$x = \frac{\lambda}{\varphi}\left(1-\cos\frac{\varphi}{2}\right) \tag{4}$$

令函数 $f(\varphi) = \cos\frac{\varphi}{2}$ 用幂级数公式展开得

$$\cos\frac{\varphi}{2} = 1 - \frac{(\varphi/2)^2}{2!} + \frac{(\varphi/2)^4}{4!} - \cdots + \frac{(-1)(\varphi/2)^{2n}}{(2n)!} + \cdots$$

取前两项作近似计算：

$$\cos\frac{\varphi}{2}=1-\frac{\varphi^2}{8} \tag{5}$$

将式(5)代入式(4)得

$$x=\frac{\lambda\varphi}{8} \tag{6}$$

又

$$\Delta\lambda=s\cdot\varphi \tag{7}$$

其中，$\Delta\lambda$ 为受热伸长量，而

$$\Delta\lambda=a\cdot\Delta t\cdot\lambda \tag{8}$$

将式(7)，式(8)代入式(6)得

$$x=a\cdot\Delta t\cdot\frac{\lambda^2}{8s} \tag{9}$$

2.3　热应力弯矩法

当工件单面受热后，上下表面温差会使工件拱起，加工完毕恢复原状后，表面产生凹陷误差，其误差大小可采用如下弯矩法估算.

取如图 4-5 所示的一段有变形特征的模型，设其加工表面的温度是均匀的，上下表面的温差为 Δt，温度梯度是线性的，故 y 面处的温度 t 为

$$t=\Delta t\cdot\frac{y}{s} \tag{10}$$

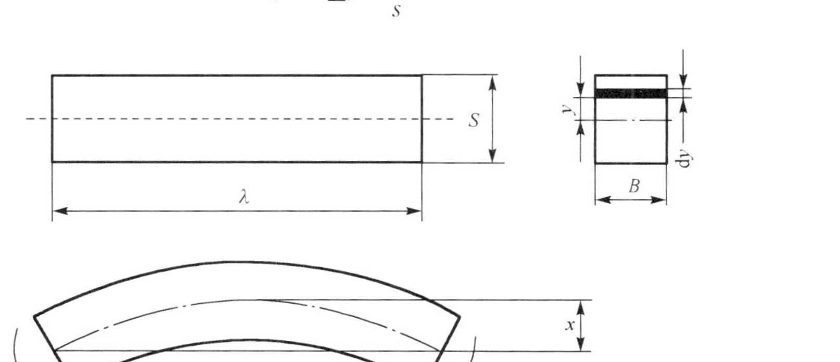

图 4-5

工件受热后的热应力为

$$\sigma=a\cdot E\cdot t=a\cdot E\cdot\frac{y}{s}\cdot\Delta t \tag{11}$$

其中，E 为弹性模量（钢件 $2\times10^6\,\text{kg/cm}^2$，铸件 $1.3\times10^6\,\text{kg/cm}^2$），分析工件的热变形模型相当于两端各受弯曲力矩 M 的作用：

$$M=\int_0^s\left(y-\frac{s}{2}\right)\sigma\cdot B\mathrm{d}y$$

$$
\begin{aligned}
&=\int_0^s\left(y-\frac{s}{2}\right)a\cdot E\cdot \Delta t\cdot B\mathrm{d}y\cdot \frac{y}{s}\\
&=a\cdot E\cdot \Delta t\cdot \frac{B}{s}\int_0^s\left(y-\frac{s}{2}\right)\cdot y\cdot \mathrm{d}y \qquad (12)\\
&=a\cdot E\cdot \Delta t\cdot \frac{Bs^2}{12}
\end{aligned}
$$

根据材料力学中梁的变形有

$$x=\frac{M\cdot\lambda^2}{8EJ} \qquad (13)$$

其中，J 为矩形截面的惯性矩，$J=\dfrac{Bs^3}{12}$，将式(12)代入式(13)中得

$$x=\frac{a\cdot E\cdot \Delta t\,\dfrac{Bs^2\lambda^2}{12}}{8E\cdot\dfrac{B\cdot s^3}{12}}=a\cdot\Delta t\cdot\frac{\lambda^2}{8s} \qquad (14)$$

2.4 积分法

如图 4-6 所示，磨削后单面受热变形呈扇形环带 OBB_1O_1，在离原点 y 处其宽为 $\mathrm{d}y$ 的一段长条在变形后的形状为一圆弧条，它所对应的弧心角一般不随 y 变化，而近似为常量(弧心角的平均值)，因此扇形上下两弧边接近于同轴圆.

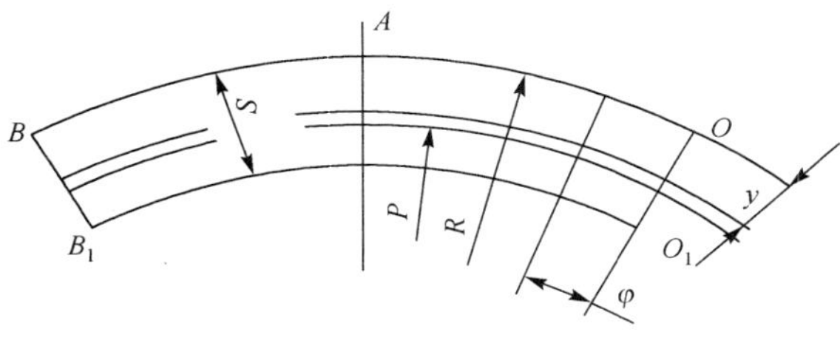

图 4-6

取弧条上长为 λ_φ 的一段进行分析，其圆弧半径为

$$\rho=R-y,\quad 而\ \lambda_\varphi=\rho\cdot\varphi=(R-y)\cdot\varphi$$

其中，φ 角近似为常数，λ_φ 则因温度增加 $\mathrm{d}t$ 而增加 $\mathrm{d}\lambda$，故当 ρ 改变 $\mathrm{d}\rho$ 时，温度 t 改变 $\mathrm{d}t$，这时有

$$\mathrm{d}\lambda=\alpha\lambda_\varphi\mathrm{d}t=\alpha\lambda\,\mathrm{d}t$$

其中，λ 为与 λ_φ 相应的原长，而

$$
\begin{aligned}
\mathrm{d}\lambda&=\varphi\cdot\mathrm{d}\rho=\varphi\cdot(-\mathrm{d}y)\\
\varphi&=-\frac{\mathrm{d}\lambda}{\mathrm{d}y}=-a\cdot\lambda\cdot\frac{\mathrm{d}t}{\mathrm{d}y}
\end{aligned} \qquad (15)
$$

即 $\varphi\cdot\mathrm{d}y=a\cdot\lambda\cdot\mathrm{d}t$，因 $\varphi=\varphi_\rho$，故当 $y=s,\lambda_\varphi=\lambda$ 时，有

$$\lambda_\varphi=\int_0^s\varphi\mathrm{d}y=-a\lambda\int_{t_1}^{t_2}\mathrm{d}t$$

即

$$\varphi_\rho s = -\alpha\lambda(t_2 - t_1)$$

$$\varphi_\rho = \frac{\alpha\lambda}{s} \cdot \Delta t \tag{16}$$

又

$$x = \frac{\lambda\varphi}{8} \tag{17}$$

将式(16)代入式(17)中得

$$x = \frac{\lambda}{8} \cdot \frac{\alpha\lambda}{s} \cdot \Delta t = \frac{\alpha\lambda^2}{8s} \cdot \Delta t \tag{18}$$

2.5　热变形计算公式的修正

上述四种方法分别建立了热变形的数学和力学模型，所推导出的热变形计算公式完全一致，说明该公式理论上是可行的，使用其进行热变形误差预控计算是可靠的. 然而在实际应用中，由于影响因素的增多，实际形状和理想模型的差别，特别是某些重要参数的确定，必须根据热变形的实际情况予以修正.

首先，因为该种变形与外力矩作用下的纯弯曲变形有区别，属于单向膨胀弯曲变形，应使用非加工面为稳定层（即模拟中性层）比较适宜，毫无疑问，选值结果过小，应修大，因为它所在理论中性层也因受热胀加长了. 另外，在采用幂级数展开法推算中，$\Delta\lambda = s \cdot \varphi$ 的计算结果过大，应修小，为便于计算和应用，可将 s 适当修小而满足实际需要，此法适用于四种推算法.

以上两项修正相叠加，可取修正值 $\beta = 8\% \sim 13\%$，对一般精度机床导轨面的加工，可取 10%，而对精密机床导轨面的加工，应取最大值 13%，以上修正值的选用，经试验结果验证和实际应用检验分析，证明是可行的. 在具体运用过程中，应根据零件的截面形状、外部形状特征、材料分布状态、加工方法和加工余量大小等予以适度调整，以保证计算结果尽可能与实际热变形相吻合.

3　实际应用举例

在实际加工过程中由于情况复杂，影响因素多，所以分析计算结果是近似的. 例如，从平面磨削时的情况看就不是恒定的，它与磨削速度、切深、走刀次数、砂轮的切削性能等都有关系，速度越快，切深越厚，走刀次数越多，则因磨削热变形而引起的误差就越大. 后面举例计算工件热变形误差对形位公差精度的影响.

例 1　车床床身长 $\lambda = 2000$mm，高 $s = 600$mm，磨削床身导轨，其上下表面温差为 $\Delta t = 3.5$℃，床身导轨材料为铸铁，其热膨胀系数 $a = 11 \times 10^{-6}$/℃. 运用公式计算 **X** 值.

解　取各项误差修正值为 $\beta = 10\%$，则

$$\begin{aligned} x &= a\Delta t \frac{\lambda^2}{8s}(1+\beta) \\ &= 11 \times 10^{-6} \times 3.5 \times \frac{(2 \times 10^3)^2}{8 \times 600} \times 1.1 \\ &= 0.35(\text{mm}) \end{aligned}$$

导轨在水平面内的直线度和垂直面内的直线度允差不超过 0.02/1000，而且要求导轨面形状为中间凸起，从以上计算结果看，误差已达 0.018/1000，而且加工后的形状为中间凹陷，磨削平面时，工件上下表面温差达到 3.5℃是很容易发生的，由此看来，热变形对于重要工件加工误差的影响不容忽视.

4 结论

以上推论和计算结果已在长期的工作实践中得到验证，并在重要零部件加工中逐步受到重视和推广应用. 这里将其四种推导方法一一列出，证明该计算方法理论上是正确的，同时通过对其计算误差进行适当的修正，使其更接近实际误差值.

从误差的计算结果分析可以看出，热变形误差，特别是对导轨类工件磨削热变形产生的加工误差不容忽视，其重要影响将直接导致床身导轨面直线度等形位精度超差，并使其加工冷却后平面中段下凹，造成整体变形趋势不符合床身导轨面工艺要求，影响了机床的使用性能，以上误差的出现对精密机床导轨面影响更大.

为了减少工件热变形引起的加工误差，对于容易产生热变形的加工方法，例如，磨削类，应尽量减少磨削热，充分冷却，并合理安排工艺过程，使粗、精加工分开，合理选择磨削用量和进给速度，必要时可采用分段加工法，在精密磨削时可采用恒温控制的高速磨削.

在工艺结构的设计上，为最大限度地减少热变形对精密加工面造成的误差，可对重要工件的设计充分考虑优化其工艺结构，如在热变形误差最大的中间段采用加厚、设置加强筋等工艺结构.

第三部分　数 学 工 具

1　幂级数

幂级数是最简单的一种函数项级数，它是表示函数（特别是非初等函数）和计算函数近似值非常有用的工具. 常用对数表、自然对数表、三角函数值表等都是借助于幂级数计算出来的.

1.1　幂级数的概念

定义 1　形如

$$\sum_{n=0}^{\infty} a_n(x-x_0)^n = a_0 + a_1(x-x_0) + a_2(x-x_0)^2 + \cdots + a_n(x-x_0)^n + \cdots \tag{1}$$

的级数称为幂级数，其中 x_0 及 $a_0, a_1, a_2, \cdots, a_n, \cdots$ 都是常数，$a_0, a_1, a_2, \cdots$ 称为幂级数的系数.

特别地，当 $x_0 = 0$ 时，幂级数成为

$$\sum_{n=0}^{\infty} a_n x^n = a_0 + a_1 x + a_2 x^2 + \cdots + a_n x^n + \cdots \tag{2}$$

例如

$$1 - x + x^2 - x^3 + \cdots + (-1)^n x^n + \cdots$$

$$1 + x + \frac{x^2}{2!} + \frac{x^3}{3!} + \cdots + \frac{x^n}{n!} + \cdots$$

都是幂级数.

一般来说，幂级数的每一项对于 x 任意取定的值都是有定义的. 如果取 $x = x_0$ 代入幂级数式(2)中，就得到一个常数项级数

$$\sum_{n=0}^{\infty} a_n x_0^n = a_0 + a_1 x_0 + a_2 x_0^2 + \cdots + a_n x_0^n + \cdots$$

若该常数项级数是收敛的，则称 x_0 是幂级数(2)的一个收敛点，或称幂级数(2)在 $x = x_0$ 处收敛；若该常数项级数是发散的，则称 x_0 是幂级数(2)的一个发散点，或称幂级数(2)在 $x = x_0$ 处发散. 幂级数的所有的收敛点组成的集合称为它的收敛域. 同样也把所有发散点组成的集合称为发散域.

对于幂级数(2)收敛域 D 内的任一点 x，对应的常数项级数有和，且和是 x 的函数，称此函数为幂级数(2)的和函数，记为 $S(x)$，即

$$S(x) = \sum_{n=0}^{\infty} a_n x^n, \quad x \in D$$

易知和函数的定义域就是幂级数的收敛域.

若记 $\sum\limits_{n=0}^{\infty} a_n x^n$ 的前 n 项和为 $S_n(x)$，则在收敛域内有 $\lim\limits_{n\to\infty} S_n(x) = S(x)$.

例如,级数 $\sum\limits_{n=0}^{\infty} x^n = 1 + x + x^2 + \cdots + x^n + \cdots$ 的和函数 $S(x) = \lim\limits_{n\to\infty} S_n(x) = \lim\limits_{n\to\infty} \frac{1-x^n}{1-x} = \frac{1}{1-x}$ 在收敛域 $x \in (-1,1)$ 内成立.

1.2 幂级数的收敛半径与收敛域

现在的问题是:对于一个幂级数,如何去确定它的收敛域?

定理 设幂级数 $\sum\limits_{n=0}^{\infty} a_n x^n$ 的系数满足 $\lim\limits_{n\to\infty}\left|\frac{a_n}{a_{n+1}}\right| = R$,称 R 为它的收敛半径:

(1)当 $0 < R < +\infty$ 时,级数在 $(-R,R)$ 上收敛;

(2)当 $R = +\infty$ 时,级数的收敛域为 $(-\infty, +\infty)$;

(3)当 $R = 0$ 时,级数的收敛域为 $\{0\}$.

注 当 $R = 0$ 时,幂级数 $\sum\limits_{n=0}^{\infty} a_n x^n$ 只在 $x = 0$ 点收敛;当 $R \neq 0$ 时,这个幂级数在区间 $(-R, +R)$ 内收敛. 但对于 $x = \pm R$ 时,从定理 1 得不出级数收敛还是发散的结论,这时需将 $x = R$ 或 $x = -R$ 代入幂级数,然后按照常数项级数的审敛法来判定其敛散性. 因此,一个幂级数的收敛域可能是开区间,也可能是闭区间,也有可能是半开半闭区间.

例 2 求幂级数 $\sum\limits_{n=0}^{\infty} \frac{x^n}{n!} = 1 + x + \frac{x^2}{2!} + \frac{x^3}{3!} + \cdots + \frac{x^n}{n!} + \cdots$ 的收敛域.

解 因为 $R = \lim\limits_{n\to\infty}\left|\frac{a_n}{a_{n+1}}\right| = \lim\limits_{n\to\infty}\left|\frac{\frac{1}{n!}}{\frac{1}{(n+1)!}}\right| = \lim\limits_{n\to\infty}(n+1) = +\infty$,所以级数 $\sum\limits_{n=0}^{\infty} \frac{x^n}{n!}$ 的收敛域为$(-\infty, +\infty)$.

例 3 求幂级数 $\sum\limits_{n=1}^{\infty} (-1)^{n-1} \frac{x^n}{n}$ 的收敛半径和收敛域.

解 因为 $R = \lim\limits_{n\to\infty}\left|\frac{a_n}{a_{n+1}}\right| = \lim\limits_{n\to\infty}\left|\frac{(-1)^{n-1}\frac{1}{n}}{(-1)^n \frac{1}{n+1}}\right| = \lim\limits_{n\to\infty}\frac{n+1}{n} = 1$,所以幂级数在开区间$(-1,1)$内收敛.

当 $x = 1$ 时,幂级数成为 $\sum\limits_{n=1}^{\infty} (-1)^{n-1} \frac{1}{n}$,它是一个收敛的交错级数;

当 $x = -1$ 时,幂级数成为 $\sum\limits_{n=1}^{\infty} \frac{(-1)^{2n-1}}{n} = -\sum\limits_{n=1}^{\infty} \frac{1}{n}$,它是一个发散的级数.

所以级数 $\sum\limits_{n=1}^{\infty} (-1)^{n-1} \frac{x^n}{n}$ 的收敛域是 $(-1,1]$.

1.3 泰勒级数

定义 2 若 $f(x)$ 在 $x = x_0$ 点及其左右附近有任意阶导数,且 $\frac{f^{(n+1)}(\xi)}{(n+1)!}(x - x_0)^{n+1}$ 趋

于 0,则 $f(x)$ 在 $x = x_0$ 点可表示为

$$f(x) = f(x_0) + f'(x_0)(x - x_0) + \frac{f''(x_0)}{2!}(x - x_0)^2 + \cdots + \frac{f^{(n)}(x_0)}{n!}(x - x_0)^n + \cdots$$

称将函数 $f(x)$ 在 $x = x_0$ 点展开成 $(x - x_0)$ 的幂级数或泰勒级数.

特别地,当 $x_0 = 0$ 时

$$f(x) = f(0) + f'(0)x + \frac{f''(0)}{2!}x^2 + \cdots + \frac{f^{(n)}(0)}{n!}x^n + \cdots$$

称将函数 $f(x)$ 展开成 x 的幂级数或麦克劳林级数.

将一个函数 $f(x)$ 展开为 x 的幂级数的步骤如下.

第一步:求出 $f(x)$ 的各阶导数 $f'(x), f''(x), \cdots, f^{(n)}(x), \cdots$;

第二步:求出函数 $f(x)$ 以及它的各阶导数在 $x = 0$ 处的值:

$$f(0), f'(0), f''(0), \cdots, f^{(n)}(0), \cdots$$

第三步:写出幂级数

$$f(0) + f'(0)x + \frac{f''(0)}{2!}x^2 + \cdots + \frac{f^{(n)}(0)}{n!}x^n + \cdots$$

并求出其收敛半径(或收敛区间).

第三步中在收敛区间内写出的幂级数,就是函数 $f(x)$ 的幂级数展开式.

注意　如果在 $x = 0$ 处的某阶导数不存在,那么 $f(x)$ 就不能展开为麦克劳林级数. 例如, $f(x) = x^{\frac{5}{2}}$,它在 $x = 0$ 处的三阶导数 $f'''(0)$ 不存在,所以它就不能展开为麦克劳林级数.

1.4　函数的幂级数展开式

1.4.1　直接展开法

例 4　将 $f(x) = e^x$ 展开成 x 的幂级数.

解　由题意知,所求为 e^x 的麦克劳林展开式.

函数 $f(x) = e^x$ 的各阶导数为 $f^{(n)}(x) = e^x (n = 1,2,3,\cdots)$. 因此

$$f(0) = f'(0) = f''(0) = f'''(0) = \cdots = f^{(n)}(0) = \cdots = 1$$

于是得到级数

$$1 + x + \frac{x^2}{2!} + \cdots + \frac{x^n}{n!} + \cdots$$

其收敛半径 $R = +\infty$. 因此得到函数 $f(x) = e^x$ 的幂级数展开式

$$e^x = 1 + x + \frac{x^2}{2!} + \cdots + \frac{x^n}{n!} + \cdots, x \in (-\infty, +\infty)$$

按上述方法容易得到如下一些重要函数的幂级数展开式.

(1) $e^x = \sum\limits_{n=0}^{\infty} \frac{1}{n!}x^n = 1 + x + \frac{1}{2!}x^2 + \frac{1}{3!}x^3 + \cdots + \frac{1}{n!}x^n + \cdots, x \in (-\infty, +\infty)$;

(2) $\frac{1}{1-x}=\sum_{n=0}^{\infty}x^n=1+x+x^2+x^3+\cdots+x^n+\cdots,\ x\in(-1,1)$；

(3) $(1+x)^m=1+mx+\frac{m(m-1)}{2!}x^2+\cdots+\frac{m(m-1)(m-n+1)}{n!}x^n+\cdots,\ x\in(-1,1)$；

(4) $\sin x=\sum_{n=0}^{\infty}\frac{(-1)^n}{(2n+1)!}x^{2n+1},\ x\in(-\infty,+\infty)$；

(5) $\cos x=\sum_{n=0}^{\infty}\frac{(-1)^n}{(2n)!}x^{2n},\ x\in(-\infty,+\infty)$.

1.4.2 间接展开法

利用已知函数的幂级数展开式及幂级数的一些运算性质，可以求出一些函数的幂级数展开式，称为间接展开法.

例 5 将 $f(x)=e^{-\frac{x}{2}}$ 展开成 x 的幂级数.

解 由例 4 知，$e^x=1+x+\frac{x^2}{2!}+\cdots+\frac{x^n}{n!}+\cdots,x\in(-\infty,+\infty)$，将展开式中的 x 换成 $-\frac{x}{2}$，得

$$e^{-\frac{x}{2}}=\sum_{n=0}^{\infty}(-1)^n\frac{1}{n!}\left(\frac{x}{2}\right)^n$$

$$=1-\frac{x}{2}+\frac{1}{2!}\left(\frac{x}{2}\right)^2-\cdots+(-1)^n\frac{1}{n!}\left(\frac{x}{2}\right)^n+\cdots,x\in(-\infty,+\infty)$$

例 6 将 $\frac{1}{1+x^2}$ 展开成 x 的幂级数，并写出其收敛区间.

解 因为 $\frac{1}{1-x}=\sum_{n=0}^{\infty}x^n=1+x+x^2+x^3+\cdots+x^n+\cdots,\ x\in(-1,1)$，将展开式中的 x 换成 $-x^2$，得

$$\frac{1}{1+x^2}=1-x^2+x^4-x^6+\cdots+(-1)^nx^{2n}+\cdots,x\in(-1,1)$$

1.5 幂级数展开式的应用举例

由前面得到的一些函数的幂级数展开式可以用来进行近似计算，下面举例说明.

例 7 计算 e 的近似值.

解 在 e^x 的幂级数展开式中

$$e^x=1+x+\frac{x^2}{2!}+\cdots+\frac{x^4}{n!}+\cdots(-\infty<x<+\infty)$$

令 $x=1$，得

$$e=1+1+\frac{1}{2!}+\frac{1}{3!}+\cdots+\frac{1}{n!}+\cdots$$

取前 8 项作 e 的近似值，则

$$e\approx1+1+\frac{1}{2!}+\frac{1}{3!}+\frac{1}{4!}+\frac{1}{5!}+\frac{1}{6!}+\frac{1}{7!}$$

此时，$e\approx2.71826$.

例 8　求定积分 $\int_0^{0.2} e^{-x^2} dx$ 的近似值.

解　先求定积分 $\int_0^{0.2} e^{-x^2} dx$ 的幂级数展开式.

由 e^x 的幂级数展开式得

$$e^{-x^2} = \sum_{n=0}^{\infty} \frac{(-x^2)^n}{n!} = \sum_{n=0}^{\infty} \frac{(-1)^n}{n!} x^{2n} \quad (-\infty < x < +\infty)$$

所以

$$\begin{aligned}\int_0^x e^{-x^2} dx &= \int_0^x \left[\sum_{n=0}^{\infty} \frac{(-1)^n}{n!} x^{2n}\right] dx \\ &= \sum_{n=0}^{\infty} \frac{(-1)^n}{n!} \int_0^x x^{2n} dx \\ &= \sum_{n=0}^{\infty} \frac{(-1)^n}{(2n+1)\cdot n!} x^{2n+1} \\ &= x - \frac{x^3}{3\cdot 1!} + \frac{x^5}{5\cdot 2!} - \frac{x^7}{7\cdot 3!} + \cdots (-\infty < x < +\infty)\end{aligned}$$

在上式中,令 $x = 0.2$, 得

$$\int_0^{0.2} e^{-x^2} dx = 0.2 - \frac{(0.2)^3}{3} + \frac{(0.2)^5}{10} - \cdots \approx 0.2 - 0.00263 = 0.1973$$

注　不是所有的函数都可以找出其原函数的.

第四部分　能 力 提 升

(1)车床床身长 $\lambda = 2000\text{mm}$，高 $s = 600\text{mm}$，磨削床身导轨，其上下表面温差为 $\Delta t = 2.4℃$，床身导轨材料为铸铁，其热膨胀系数 $a = 11 \times 10^{-6}/℃$. 运用公式计算 X 值.

(2)假设车床床身长 $\lambda = 2500\text{mm}$，高 $s = 100\text{mm}$，磨削床身导轨，其上下表面温差为 $\Delta t = 2.4℃$，床身导轨材料为铸铁，其热膨胀系数 $a = 11 \times 10^{-6}/℃$. 运用公式计算 X 值.

(3)讨论：比较题(1)、题(2)的结果，推测出什么样的结论？

第五部分　信息反馈

学习情景	工件加工热变形的误差控制
学号	
姓名	
任课教师	
学生学习疑问反馈	
学习效果自我评价	
教师综合评价	

学习情景五　生产车间下料的优化问题

第一部分　学习任务分解

学习领域	数学核心能力应用
学习目标	(1)学会分析圆面积的下料问题及求解； (2)学会长度下料问题的分析及求解； (3)掌握方法，能够拓展到其他领域
学习重点	通过分析实际问题，掌握最本质的内容，利用数学公式表达
学习难点	(1)分析实际问题，找出其本质内容； (2)用数学公式表达； (3)数学表达式的求解
学习思路	读懂题意—找出影响问题的关键要素—设计解决问题的思路—找出解决问题的有效思路—用数学表达设计思路—求解数学表达式—用得出的结论解释原问题—可以修正—得出最优化的结论
基础知识	圆的相关知识、最优化、导数
教学方法	讲授法、案例教学、讨论法、体验学习教学法、直观演示、练习法、启发式
学时安排	建议学时 6～10

第二部分　情景学习

1　切割钢板的优化模型

一道生产工序是用冲床从 1m×1m 的钢板上压切下 100 块直径为 0.1m 的小圆板，请设计一个切割方案，尽量减少损耗. 该圆板是否还能压切出更多的小圆板.

1.1　分析

在生产车间，如何下料使浪费的材料最少主要取决于下料的方式.

先简化问题，本问题等同于在一正方形的纸板上裁剪一些大小相同的圆，使剩余的纸屑面积最小，可以先利用纸板做试验，也可以先用圆规在纸上画圆的方法来帮助分析问题.

实际上，有多种裁剪方式，本书主要介绍以下两种方式.

方式一(正方形)如图 5-1 所示.

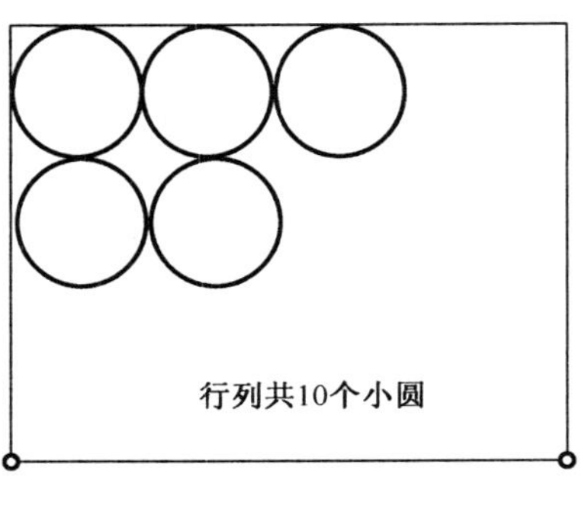

图 5-1

方式二(三角形)如图 5-2 所示，以及更多的方式.

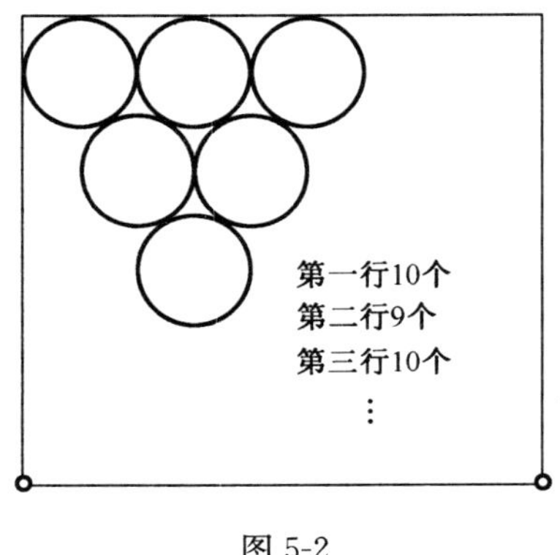

图 5-2

这样做的目的是使浪费的材料最少，可以暂时考虑一、二两种方式.

1.2　做出合理的假设

(1)假设冲床能高精度地切割,使圆与圆彼此相切.

(2)假设不考虑钢板大小和圆的大小的误差.

(3)假设圆与圆的接触形式为以下两种且方式不混合:①四个圆相切,呈正方形排列;②六个圆相切,呈三角形排列.

(4)假设各种切割方式都不产生废品.

(5)设钢板的长度为 l(m),宽度为 d(m),圆板的直径为 D(m),半径为 r(m),圆板的数量为 N,圆板的总面积为 $S_i(\mathrm{m}^2)$ ($i=1,2$),钢板面积为 $S(\mathrm{m}^2)$,损耗为 W.

1.3　模型的建立与求解

此时 $l=d=1$,$r=0.05$,$D=0.1$.

1.3.1　先考虑圆呈正方形排列的情形

如图 5-1 所示,通过粗略的测算和分析,可知这时横、纵方向均可压切 10 份半径为 0.05 的圆,共可压切 10×10=100 个小圆板. 100 个圆板的面积为

$$S_1=\pi\times r^2\times 100=\pi\times 0.05^2\times 100\approx 0.7854$$

钢板面积为

$$S=l\times d=1\times 1=1$$

损耗为

$$W=\frac{S-S_1}{S}=\frac{1-0.7854}{1}=21.46\%$$

1.3.2　再考虑圆呈三角形排列的情形

(1)计算每排压切圆板的数量. 从图 5-2 可以看出,第一排可以切割 10 个圆,第二排可以切割 9 个圆,第三排可以切割 10 个圆,第四排可以切割 9 个圆,以此类推……,即每排切割圆板的数量依次为 10,9,10,9…

(2)计算共可压切圆板的层数. 利用图 5-3 可以计算切割圆板的层数.

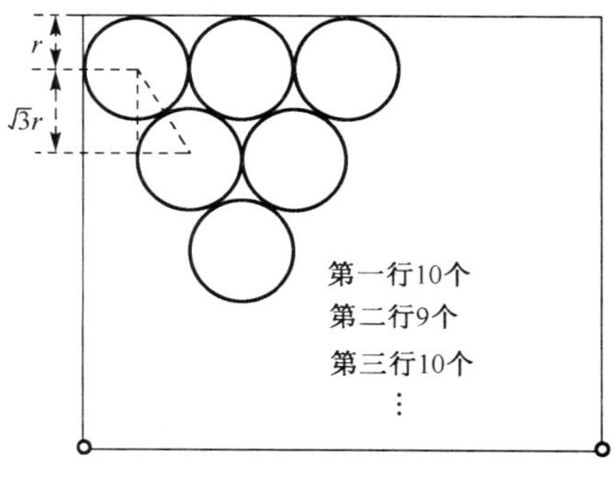

图 5-3

此时中间每层圆板的高度为 $\sqrt{3}r$,边上第一层圆心与最后一层圆板圆心到钢板边缘的高度之和为 $2r$,设切割圆板的层数为 n,则它满足

$$2r+\sqrt{3}r(n-1)<d$$

将 $d=1$，$r=0.05$ 代入上式，得 $n=11$，从而可以从钢板上压切出 $10\times6+9\times5=105$ 个小圆板，大于按照正方形排列所压切出的 100 个小圆板的数量.

105 个圆的面积为

$$S_2=\pi r^2\times105=\pi\,0.05^2\times105\approx0.8247$$

钢板面积不变，损耗为

$$W=\frac{S-S_2}{S}=\frac{1-0.8247}{1}=17.53\%$$

综上所述，知道按三角形排列的方式压切小圆板的方式压切小圆板损耗最低，损耗为 17.53%，此时可以生产出 105 个小圆板.

1.4 拓展思考

(1)相对于 105 个小圆板，是否还能增加. 如果采用“相等行”和“不相等行”两种方法混合的方案，结果如何？

(2)4 点相切不必为方形排列，采用一种错开的形式，如图 5-4 所示，试研究效果.

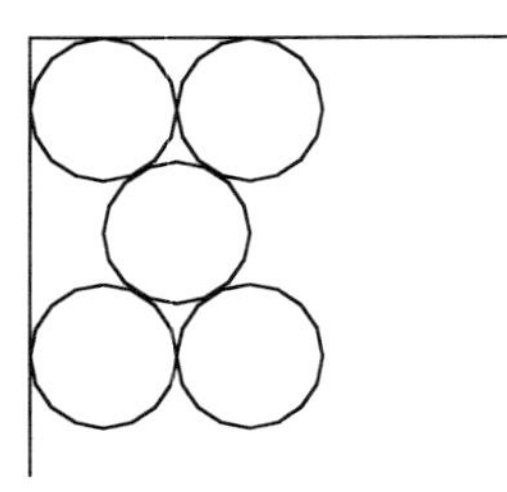

图 5-4

(3)把模型推广到任意形状的钢板和任意半径的圆板的情形，能否为公司提供合理的方案.

(4)把模型拓展到在同一钢板上压切两种不同尺寸的情况，在什么条件下小圆板能嵌在大圆板缝隙之间.

在生活中有许多“下料”问题，如机械零件的下料，家具的下料，服装剪裁的下料等，巧妙地下料会增加原材料的利用率，减少材料浪费，节约成本. 有时借助几何图案可以直观地比较出下料方案的优劣，再辅以必要的计算，最终确定最优方案.

2 钢管下料的优化模型

某钢管零售商从钢管厂进货，将钢管按照顾客的要求切割后售出，从钢管厂进货时得到的原料钢管都是 19m. 现有一客户需要 50 根 4m，20 根 6m 和 15 根 8m 的钢管，应如何下料才最节省材料？

2.1 问题分析

首先，应该确定哪些切割模式是可行的，所谓一个切割模式，是指按照客户需要在原料钢管上安排切割的一种组合. 例如,可以将 19m 的钢管切割成 3 根 4m 的钢管,余料为 7m,或将 19m 的钢管切割成 4m,6m 和 8m 的钢管各一根,余料为 1m,显然,可行的切割模式是很多的.

其次,应当确定哪些切割模式是合理的. 通常假设一个合理的切割模式的余料不应该大于或等于客户需要的钢管的最小尺寸. 例如,将 19m 的钢管切割成 3 根 4m 的钢管是可行的,但余料为 7m,可以进一步将 7m 的余料切割成 4m 钢管(余料为 3m),或将 7m 的余料切割成 6m 的钢管(余料为 1m). 在这种合理假设下,切割模式一共有 7 种,如表 5-1 所示.

表 5-1

	4m 钢管根数/根	6m 钢管根数/根	8m 钢管根数/根	余料/m
模式一	4	0	0	3
模式二	3	1	0	1
模式三	2	0	1	3
模式四	1	2	0	3
模式五	1	1	1	1
模式六	0	3	0	1
模式七	0	0	2	3

问题转化为在满足客户需要的条件下,按照哪些合理的模式,切割多少根原料钢管最为节省. 所谓节省可以有两种标准:标准一是切割后剩余的总余料最小;标准二是切割原料钢管的总根数最少,后面分别对这两个目标进行讨论.

2.2　模型的建立

(1)约束条件的假设:用 x_i 表示按照第 i $(i=1,2,\cdots,7)$ 种切割模式下原料钢管的根数,显然它们应当是非负整数. 为满足客户的要求,必须满足的约束条件为

$$\begin{cases}4x_1+3x_2+2x_3+x_4+x_5\geqslant 50\\ x_2+2x_4+x_5+3x_6\geqslant 20\\ x_3+x_5+2x_7\geqslant 15\end{cases}$$

(2)标准一的目标函数建立:以切割后剩余的总余料最小为目标,则有

$$\mathrm{Min}Z_1=3x_1+x_2+3x_3+3x_4+x_5+x_6+3x_7$$

(3)标准二的目标函数建立:以切割原料钢管的总根数最少为目标,则有

$$\mathrm{Min}Z_2=x_1+x_2+x_3+x_4+x_5+x_6+x_7$$

2.3　两种目标函数的求解及结果的比较

(1)将约束条件和标准一的目标函数输入 LINDO 如下:

$$\mathrm{Min}3x_1+x_2+3x_3+3x_4+x_5+x_6+3x_7$$

$$\text{s. t.}\begin{cases}4x_1+3x_2+2x_3+3x_4+x_5\geqslant 50\\ x_2+2x_4+x_5+3x_6\geqslant 20\\ x_3+x_5+2x_7\geqslant 13\end{cases}$$

end

gin7

可得最优解如表 5-2 所示.

表 5-2

变量	变量的值	余料/m	钢管总根数/根	总余料/m
x_1	0	3		
x_2	12	1		
x_3	0	3		
x_4	0	3		
x_5	15	1		
x_6	0	1		
x_7	0	3	27	27

(2)将约束条件和目标函数二输入 LINDO,求得最优解,如表 5-3 所示.

表 5-3

变量	变量的值	余料/m	钢管总根数/根	总余料/m
x_1	0	1		
x_2	15	1		
x_3	0	1		
x_4	0	1		
x_5	5	1		
x_6	0	1		
x_7	5	1	25	35

与上面得到的结论相比,总余料量增加了 8m,但是所用的原料钢管的总根数减少了 2 根,在余料没有什么用途的情况下,通常选择总根数最少为目标.

第三部分 能力提升

(1)用宽为 w 的布条缠绕直径为 d 的圆形管道,要求布条不重叠,问布条与管道轴线的夹角 α 应多大(图 5-5). 若知道管道长度,需用多长布条(可考虑两端的影响). 如果管道是其他形状呢?

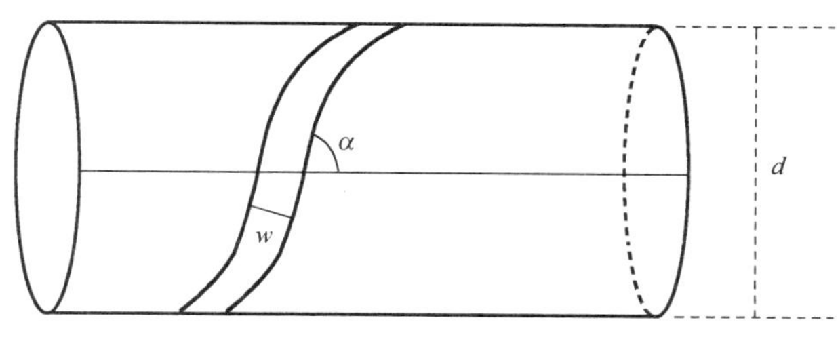

图 5-5

(2)在市面上销售的易拉罐的形状和尺寸几乎都是一样的,这并非偶然,在某种意义上这种设计是最优设计. 设易拉罐是一个正圆柱体,什么是它的最优设计(即半径和高之比是多少)?

(3)盘弹簧时,每个弹簧所需钢丝长度应预先算出以便下料,对于不同种类的弹簧计算方法也不相同,试计算圆柱形弹簧的长度. 如图 5-6 所示,弹簧外径为 D,钢丝直径为 d,弹簧的节距为 p,弹簧圈数为 N.(提示:弹簧展开后的图形如图 5-7 所示)

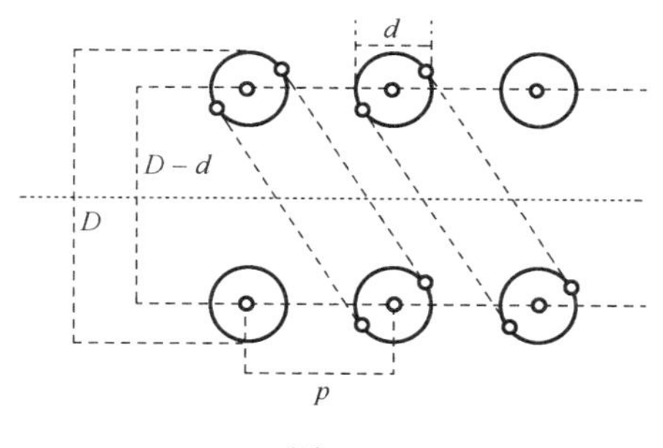

图 5-6

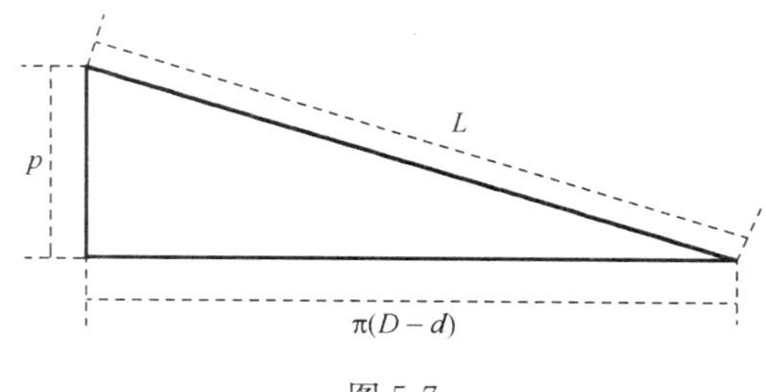

图 5-7

第四部分　信 息 反 馈

学习情景	生产车间下料的优化问题
学号	
姓名	
任课教师	
学生学习疑问反馈	
学习效果自我评价	
教师综合评价	

学习情景六　生产管理的最优化

第一部分　学习任务分解

学习领域	数学核心能力应用
学习目标	学会将实际问题通过分析转化为数学问题，利用数学知识来解决实际问题
学习重点	(1)指派问题的算法及推广； (2)最短路径的算法及推广
学习难点	(1)将实际问题转化为数学问题； (2)用数学方式来表达实际问题； (3)具体的数学算法
学习思路	读懂题意—简化原题的内容—用更简洁的方式表达(主要因素)—转化为数学语言—构建数学问题—用数学知识解决问题—将数学结论还原到实际问题—总结—推广
数学工具	矩阵、矩阵的初等变换、图论、最短路
教学方法	讲授法、案例教学、情景教学法、讨论法、体验学习教学法、启发式
学时安排	建议学时 8～12

第二部分　情 景 学 习

1　工厂的选址问题(最短路的 dijkstra 算法)

设某工厂在 A 城市，现打算在 F 城市建一分厂，各城市之间的距离如图 6-1 所示，问如何选择路线，使得 A 到 F 的距离最短？

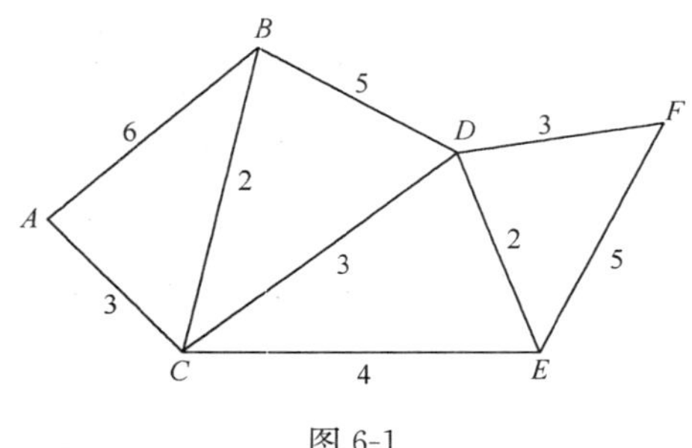

图 6-1

注　线上所标注为相邻线段之间的距离，即权值. 图 6-1 为随意所画，其相邻顶点间的距离与图 6-1 中的目视长度不能一一对等.

表 6-1 为最短路的 dijkstra 算法的步骤.

表 6-1

步骤	S 集合	U 集合
1	选入 A，此时 $S=\{A\}$ 此时最短路径 $A\to A=0$ 以 A 为中间点，从 A 开始找	$U=\{B,C,D,E,F\}$ $A\to B=6$，$A\to C=3$ $A\to$其他 U 中的顶点$=\infty$ 发现 $A\to C=3$ 权值为最短
2	选入 C，此时 $S=\{A,C\}$ 此时最短路径 $A\to A=0$，$A\to C=3$ 以 C 为中间点 从 $A\to C=3$ 这条最短路径开始找	$U=\{B,D,E,F\}$ $A\to C\to B=5$(比上面第一步的 $A\to B=6$ 要短) 此时到 D 权值更改为 $A\to C\to B=5$ $A\to C\to D=6$ $A\to C\to E=7$ $A\to C\to$其他 U 中的顶点$=\infty$，发现 $A\to C\to B=5$ 权值为最短
3	选入 B，此时 $S=\{A,C,B\}$ 此时最短路径 $A\to A=0$，$A\to C=3$，$A\to C\to B=5$ 以 B 为中间点 从 $A\to C\to B=5$ 这条最短路径开始找	$U=\{D,E,F\}$ $A\to C\to B\to D=10$(比上面第二步的 $A\to C\to D=6$ 要长) 此时到 D 权值更改为 $A\to C\to D=6$ $A\to C\to B\to$其他 U 中的顶点$=\infty$，发现 $A\to C\to D=6$ 权值为最短

续表

步骤	S 集合	U 集合
4	选入 D,此时 $S=\{A,C,B,D\}$ 此时最短路径 $A\to A=0$,$A\to C=3$, $A\to C\to B=5$,$A\to C\to D=6$ 以 D 为中间点 从 $A\to C\to D=6$ 这条最短路径开始找	$U=\{E,F\}$ $A\to C\to D\to E=8$(比上面第二步的 $A\to C\to E=7$ 要长)此时到 E 权值更改为 $A\to C\to E=7$, $A\to C\to D\to F=9$ 发现 $A\to C\to E=7$ 权值为最短
5	选入 E,此时 $S=\{A,C,B,D,E\}$ 此时最短路径 $A\to A=0$,$A\to C=3$ $A\to C\to B=5$,$A\to C\to D=6$,$A\to C\to E=7$ 以 E 为中间点 从 $A\to C\to E=7$ 这条最短路径开始找	$U=\{F\}$ $A\to C\to E\to F=12$(比上面第四步的 $A\to C\to D\to F=9$ 要长)此时到 F 权值更改为 $A\to C\to D\to F=9$ 发现 $A\to C\to D\to F=9$ 权值为最短
6	选入 F,此时 $S=\{A,C,B,D,E,F\}$ 此时最短路径 $A\to A=0$,$A\to C=3$ $A\to C\to B=5$ $A\to C\to D=6$ $A\to C\to E=7$,$A\to C\to D\to F=9$	U 集合已空,查找完毕

2　机床的优化生产管理(指派问题又称分配问题 Assignment Problem)

现有 n 种零件需要 n 个机床加工,每个机床只加工一种零件,若分配第 i 个机床去加工第 j 种零件需花费 c_{ij} 单位时间,问应如何分配才能使加工的总时间最少?

容易看出,这是一个典型的指派问题,花费的时间所构成矩阵的 $\boldsymbol{C}=(c_{ij})$ 称为指派问题的系数矩阵.

2.1　指派问题的匈牙利算法

由于指派问题的特殊性,匈牙利数学家 Konig D 提出了一种比较简便的解法即匈牙利算法.算法主要依据以下事实:如果系数矩阵 $\boldsymbol{C}=(c_{ij})$ 一行(或一列)中每一元素都加上或减去同一个数,得到一个新矩阵 $\boldsymbol{B}=(b_{ij})$,则以 $\boldsymbol{C}$ 或 $\boldsymbol{B}$ 为系数矩阵的指派问题具有相同的最优指派.利用上述性质,可将原系数矩阵 $\boldsymbol{C}$ 变换为含零元素较多的新系数矩阵 $\boldsymbol{B}$,而最优解不变.若能在 $\boldsymbol{B}$ 中找出 n 个位于不同行不同列的零元素,令解矩阵中相应位置的元素取值为 1,其他元素取值为零,则所得该解是以 $\boldsymbol{B}$ 为系数矩阵的指派问题的最优解,从而也是原问题的最优解.由 $\boldsymbol{C}$ 到 $\boldsymbol{B}$ 的转换可通过先让矩阵 $\boldsymbol{C}$ 的每行元素均减去其所在行的最小元素得矩阵 $\boldsymbol{D}$,$\boldsymbol{D}$ 的每列元素再减去其所在列的最小元素得以实现.下面通过一例子来说明该算法.

例 1　假设指派问题的系数矩阵为

$$\boldsymbol{C}=\begin{pmatrix}16 & 15 & 19 & 22\\ 17 & 21 & 19 & 18\\ 24 & 22 & 18 & 17\\ 17 & 19 & 22 & 16\end{pmatrix}$$

求最优指派.

解　将第一行元素减去此行中的最小元素 15,同样,第二行元素减去 17,第三行元素减去 17,最后一行的元素减去 16,得

$$\boldsymbol{B}_1 = \begin{pmatrix} 1 & 0 & 4 & 7 \\ 0 & 4 & 2 & 1 \\ 7 & 5 & 1 & 0 \\ 1 & 3 & 6 & 0 \end{pmatrix}$$

再将第 3 列元素各减去 1(目的是保证每一行和每一列至少有一个 0 元素),得

$$\boldsymbol{B}_2 = \begin{pmatrix} 1 & 0^* & 3 & 7 \\ 0^* & 4 & 1 & 1 \\ 7 & 5 & 0^* & 0 \\ 1 & 3 & 5 & 0^* \end{pmatrix}.$$

以 $\boldsymbol{B}_2$ 为系数矩阵的指派问题有最优指派

$$\boldsymbol{A} = \begin{pmatrix} 1 & 2 & 3 & 4 \\ 2 & 1 & 3 & 4 \end{pmatrix}$$

其中,$\boldsymbol{A}$ 矩阵的第一列代表 1 号机床生产第 2 种零件;第二列代表 2 号机床生产第 1 种零件;第三列代表 3 号机床生产第 3 种零件;第四列代表 4 号机床生产第 4 种零件.

由等价性可知,它就是上述问题的最优指派.

2.2　为什么不选三行四列的 0 元素?

目的是保证 0 元素要在不同的行和不同的列. 但有时问题会稍复杂一些,具体情况如下.

例 2　假设指派问题的系数矩阵 $\boldsymbol{C}$ 为

$$\boldsymbol{C} = \begin{pmatrix} 12 & 7 & 9 & 7 & 9 \\ 8 & 9 & 6 & 6 & 6 \\ 7 & 17 & 12 & 14 & 12 \\ 15 & 14 & 6 & 6 & 10 \\ 4 & 10 & 7 & 10 & 6 \end{pmatrix}$$

解　先作如下等价变换:

$$\begin{matrix} -7 \\ -6 \\ -7 \\ -6 \\ -4 \end{matrix} \begin{pmatrix} 12 & 7 & 9 & 7 & 9 \\ 8 & 9 & 6 & 6 & 6 \\ 7 & 17 & 12 & 14 & 12 \\ 15 & 14 & 6 & 6 & 10 \\ 4 & 10 & 7 & 10 & 6 \end{pmatrix} \to \begin{pmatrix} 5 & 0^* & 2 & 0 & 2 \\ 2 & 3 & 0 & 0^* & 0 \\ 0^* & 10 & 5 & 7 & 5 \\ 9 & 8 & 0^* & 0 & 4 \\ \underset{\checkmark}{0} & 6 & 3 & 6 & 2 \end{pmatrix} \begin{matrix} \\ \\ \checkmark \\ \\ \checkmark \end{matrix}$$

容易看出,从变换后的矩阵中只能选出四个位于不同行不同列的零元素,但 $n = 5$,最优指派还无法看出. 此时等价变换还可进行下去. 步骤如下.

(1)对未选出 0 元素的行打 √；

(2)对 √ 行中 0 元素所在列打 √；

(3)对 √ 列中选中的 0 元素所在行打 √；

(4)重复步骤(2),(3),直到无法再打 √.

可以证明,若用直线划没有打 √ 的行与打 √ 的列,就得到了能够覆盖住矩阵中所有零元素的最少条数的直线集合,找出未覆盖的元素中的最小者,令 √ 行元素减去此数,√ 列元素加上此数,则原先选中的 0 元素不变,而未覆盖元素中至少有一个已转变为 0,且新矩阵的指派问题与原问题也等价.上述过程可反复采用,直到能选取出足够的 0 元素.例如,对例 2 变换后的矩阵再变换,第三行、第五行元素减去 2,第一列元素加上 2,得

$$\begin{pmatrix} 7 & 0 & 2 & 0 & 2 \\ 4 & 3 & 0 & 0 & 0 \\ 0 & 8 & 3 & 5 & 3 \\ 11 & 8 & 0 & 0 & 4 \\ 0 & 4 & 1 & 4 & 0 \end{pmatrix}$$

现在可以看出,最优指派为 $\begin{pmatrix} 1 & 2 & 3 & 4 & 5 \\ 2 & 4 & 1 & 3 & 5 \end{pmatrix}$.

第三部分　数学工具

1　最短路径

1.1　定义

定义 1　对于图 G 的每条边 e 都对应给一个实数 $w(e)$，称 $w(e)$ 为边 e 上的权(Weight).图 G 连同在它边上的权称为带权图(weighted graph)(又称网络)，带权图常记作 $G=\{V,E,W\}$，其中 $W=\{w(e)/e\in E\}$. 若 e 的端点是 u,v，则常用 $w(u,v)$ 表示边 e 的权.

定义 2　设 H 是带权图 $G=\{V,E,W\}$ 的一个子图，H 的每条边的权的和称为 H 的权.若 H 是一条路 P，则称其权为路 P 的长.

在带权图中给定了结点 u（称为始点(Initial Point)）和结点 v（称为终点(Terminal Point)）.若 u,v 连通，则 u 到 v 可能有若干条路，这些路中一定有一条长最小的路，这样的路称为从 u 到 v 的最短路(Shortest Path).最短路的长也称为 u 到 v 的距离(Distance)，记作 $d(u,v)$. 求给定两个结点之间最短路的问题称为最短路问题(Shortest Path Problem).要注意的是，这里所说的长具有广泛意义，既可指普通意义的距离，也可以是时间或费用等.

后面介绍求从一个始点 v_1 到各点 v_k $(2\leqslant k\leqslant n)$ 的最短路的算法.

在后面的讨论中，假定边 (v_i,v_j) 的权 $w_{ij}\geqslant 0$，如果结点 v_i 与 v_j 不邻接，则令 $w_{ij}=+\infty$（在实际计算中可用任意足够大的数代替），并对图中每个结点令 $w_{ij}=0$. 到目前为止，公认的求最短路的较好的算法是 Dijkstra E W(荷兰计算机科学家 1930—2002)于 1959 年提出的标号法.

(1)算法的基本思想.

先给带权图 G 的每一个结点一个临时标号(Temporary Label)(简称 T 标号)或固定标号(Permanent Label)(简称 P 标号). T 标号表示从始点到这一点的最短路长的上界；P 标号则是从始点到这一点的最短路长.每一步将某个结点的 T 标号改变为 P 标号.则最多经过 $n-1$ 步算法停止(n 为 G 的结点数).

(2)最短路的 Dijkstra 算法如下.

① 给始点 v_1 标上 P 标号 $P(v_1)=0$，令 $P=\{v_1\}$，$T_0=V-\{v_1\}$，给 T_0 中各结点标上 T 标号 $t_0(v_j)=w_{1j}$ $(j=2,3,\cdots,n)$，令 $r=0$，转步骤②；

② 若 $\min\limits_{v_j\in T_r}\{t_r(v_j)\}=t_r(v_k)$，则令 $P_{r+1}=P_r\cup\{v_k\}$，$T_{r+1}=T_r-\{v_k\}$. 若 $T_{r+1}=\varphi$ 则结束，否则转步骤③；

③ 修改 T_{r+1} 中各结点 v_j 的 T 标号：$T_{r+1}(v_j)=\min\{t_r(v_j),t_r(v_k)+w_{kj}\}$，转步骤②.

1.2　例题分析

例 3　求图 6-2 中结点 v_1 到 v_7 的最短路.

解　在图 6-2(a)中用方框表示 P 标号，用圆框表示 T 标号，凡图 6-2 中无标号的点即该点的标号为 $+\infty$(余同).

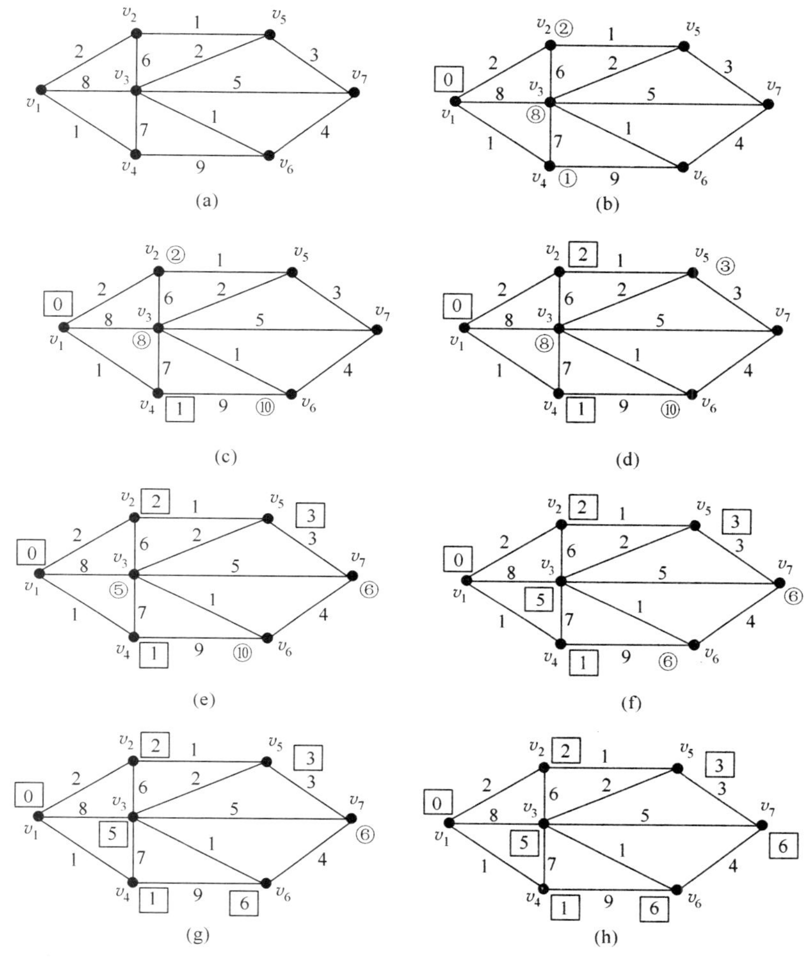

图 6-2

(1) $p(v_1)=0$, $P_0=\{v_1\}$, $T_0=\{v_2,v_3,v_4,v_5,v_6,v_7\}$, T_0 中各元素的 T 标号为 $t_0(v_2)=2$, …,如图 6-2(b)所示.

(2) $\min\limits_{v_j\in T_0}\{t_0(v_j)\}=t_0(v_4)$, 将 v_4 的标号 1 改为 P 标号,且 $P_1=P_0\cup\{v_4\}=\{v_1,v_4\}$, $T_1=\{v_2,v_3,v_5,v_6,v_7\}$, 修改 T_1 各结点的 T 标号为

$$t_1(v_2)=\min\{t_0(v_2),t_0(v_4)+w_{42}\}=\min\{2,1+\infty\}=2$$

$$t_1(v_3)=\min\{t_0(v_3),t_0(v_4)+w_{43}\}=\min\{8,1+7\}=8$$

$$t_1(v_7)=\min\{t_0(v_7),t_0(v_4)+w_{47}\}=\min\{+\infty,1+9\}=10$$

$$t_1(v_5)=\min\{+\infty,1+\infty\}=+\infty$$

$$t_1(v_6)=t_1(v_7)=+\infty$$

如图 6-2(c)所示,依次类推可得各结点的 P 标号,标号过程如图 6-2(a)～(h)所示,由图 6-2(h)可知 v_1 到 v_7 的距离为 6, v_1 到 v_7 的最短路为 $v_1-v_2-v_5-v_7$.

2 矩阵

2.1 矩阵的概念

定义 3 由 $m\times n$ 个数 a_{ij} $(i=1,2,\cdots,m;j=1,2,\cdots,n)$ 排成 m 行 n 列的矩形数表

$$\begin{matrix} a_{11} & a_{12} & \cdots & a_{1n} \\ a_{21} & a_{22} & \cdots & a_{2n} \\ \vdots & \vdots & & \vdots \\ a_{m1} & a_{m2} & \cdots & a_{mn} \end{matrix}$$

用括号将其括起来，称为 $m\times n$ 矩阵，通常用大写字母 $\boldsymbol{A},\boldsymbol{B},\boldsymbol{C}\cdots$表示，即

$$\boldsymbol{A}=\begin{pmatrix} a_{11} & a_{12} & \cdots & a_{1n} \\ a_{21} & a_{22} & \cdots & a_{2n} \\ \vdots & \vdots & & \vdots \\ a_{m1} & a_{m2} & \cdots & a_{mn} \end{pmatrix}$$

简记为 $\boldsymbol{A}=(a_{ij})_{m\times n}$，其中 a_{ij} 称为矩阵 $\boldsymbol{A}$ 的第 i 行第 j 列处的元素.

几种特殊的矩阵：

(1)行数与列数相等的矩阵称为方阵，例如，$\boldsymbol{A}=\begin{pmatrix} a_{11} & \cdots & a_{1n} \\ \vdots & \ddots & \vdots \\ a_{n1} & \cdots & a_{nn} \end{pmatrix}$ 称为 n 阶方阵；

(2)当 $m=1,n>1$ 时，称为行矩阵，例如，$\boldsymbol{A}=(2\quad 4\quad 5\quad 3)$；

(3)当 $m>1,n=1$ 时，称 $\boldsymbol{A}$ 为列矩阵，例如，$\boldsymbol{B}=\begin{pmatrix} a_{11} \\ a_{12} \\ \vdots \\ a_{1n} \end{pmatrix}$；

(4)零矩阵：所有元素都是 0 的矩阵，记作 $\boldsymbol{0}_{m\times n}$ 或 $\boldsymbol{0}$；

(5) n 阶单位矩阵 $\boldsymbol{E}_n=\begin{pmatrix} 1 & 0 & \cdots & 0 \\ 0 & 1 & \ddots & \vdots \\ \vdots & \ddots & \ddots & 0 \\ 0 & \cdots & 0 & 1 \end{pmatrix}$，不加区别时表示为 $\boldsymbol{E}$ 或者 $\boldsymbol{I}$；

(6) n 阶对角矩阵 $\boldsymbol{A}=\begin{pmatrix} \lambda_1 & 0 & \cdots & 0 \\ 0 & \lambda_2 & \ddots & \vdots \\ \vdots & \ddots & \ddots & 0 \\ 0 & \cdots & 0 & \lambda_n \end{pmatrix}=\mathrm{diag}(\lambda_1,\lambda_2,\cdots,\lambda_n)$；

(7) n 阶数量矩阵 $\boldsymbol{A}=\begin{pmatrix} \lambda & 0 & \cdots & 0 \\ 0 & \lambda & \ddots & \vdots \\ \vdots & \ddots & \ddots & 0 \\ 0 & \cdots & 0 & \lambda \end{pmatrix}$；

(8) n 阶上三角矩阵 $\boldsymbol{A}=\begin{pmatrix} a_{11} & a_{12} & \cdots & a_{1n} \\ 0 & a_{22} & \cdots & a_{2n} \\ \vdots & \vdots & & \vdots \\ 0 & \cdots & 0 & a_{nn} \end{pmatrix}$;

(9) n 阶下三角矩阵 $\boldsymbol{B}=\begin{pmatrix} a_{11} & 0 & \cdots & 0 \\ a_{21} & a_{22} & \cdots & 0 \\ \vdots & \vdots & & \vdots \\ a_{n1} & a_{n2} & \cdots & a_{nn} \end{pmatrix}$.

2.2　矩阵的运算

2.2.1　同型矩阵与矩阵的相等

定义 4　如果两个矩阵的行数相同,列数也相同,就称它们是同型矩阵.

定义 5　如果两矩阵 $\boldsymbol{A}=(a_{ij})_{m\times n}$ 和 $\boldsymbol{B}=(b_{ij})_{m\times n}$ 是同型矩阵,且它们对应的元素相等,即

$$a_{ij}=b_{ij}(i=1,2,\cdots,m;j=1,2,\cdots,n)$$

则称矩阵 $\boldsymbol{A}$ 与 $\boldsymbol{B}$ 相等,记为 $\boldsymbol{A}=\boldsymbol{B}$.

2.2.2　矩阵的加法、减法与数乘

定义 6　如果两矩阵 $\boldsymbol{A}=(a_{ij})_{m\times n}$ 和 $\boldsymbol{B}=(b_{ij})_{m\times n}$ 是同型矩阵, k 为常数. 规定

$\boldsymbol{A}$ 与 $\boldsymbol{B}$ 的加法:

$$\boldsymbol{A}+\boldsymbol{B}=(a_{ij}+b_{ij})_{m\times n}=\begin{pmatrix} a_{11}+b_{11} & \cdots & a_{1n}+b_{1n} \\ \vdots & & \vdots \\ a_{m1}+b_{m1} & \cdots & a_{mn}+b_{mn} \end{pmatrix}$$

k 与 $\boldsymbol{A}$ 的数乘:

$$k\boldsymbol{A}=(ka_{ij})_{m\times n}=\begin{pmatrix} ka_{11} & \cdots & ka_{1n} \\ \vdots & & \vdots \\ ka_{m1} & \cdots & ka_{mn} \end{pmatrix}$$

负矩阵:

$$-\boldsymbol{A}=(-1)\boldsymbol{A}=(-a_{ij})_{m\times n}$$

$\boldsymbol{A}$ 与 $\boldsymbol{B}$ 的减法:

$$\boldsymbol{A}-\boldsymbol{B}=\boldsymbol{A}+(-\boldsymbol{B})=(a_{ij}-b_{ij})_{m\times n}=\begin{pmatrix} a_{11}-b_{11} & \cdots & a_{1n}-b_{1n} \\ \vdots & & \vdots \\ a_{m1}-b_{m1} & \cdots & a_{mn}-b_{mn} \end{pmatrix}$$

例 4　已知 $\boldsymbol{A}=\begin{pmatrix} 3 & 2 \\ 4 & 5 \\ 6 & 7 \end{pmatrix}$, $\boldsymbol{B}=\begin{pmatrix} 5 & 4 \\ 2 & -4 \\ 3 & 5 \end{pmatrix}$, 求 $\boldsymbol{A}+\boldsymbol{B}$; $\frac{1}{2}(\boldsymbol{A}-\boldsymbol{B})$.

解　$\boldsymbol{A}+\boldsymbol{B}=\begin{pmatrix} 3+5 & 2+4 \\ 4+2 & 5+(-4) \\ 6+3 & 7+5 \end{pmatrix}=\begin{pmatrix} 8 & 6 \\ 6 & 1 \\ 9 & 12 \end{pmatrix}$

$$\frac{1}{2}(\boldsymbol{A}-\boldsymbol{B})=\frac{1}{2}\begin{bmatrix}3-5 & 2-4\\4-2 & 5-(-4)\\6-3 & 7-5\end{bmatrix}=\frac{1}{2}\begin{bmatrix}-2 & -2\\2 & 9\\3 & 2\end{bmatrix}=\begin{bmatrix}-1 & -1\\1 & \frac{9}{2}\\\frac{3}{2} & 1\end{bmatrix}$$

例 5 设 $\boldsymbol{A}=\begin{pmatrix}1 & -2 & 0\\4 & 3 & 5\end{pmatrix}$，$\boldsymbol{B}=\begin{pmatrix}8 & 2 & 6\\5 & 3 & 4\end{pmatrix}$，满足 $2\boldsymbol{A}+\boldsymbol{X}=\boldsymbol{B}-2\boldsymbol{X}$，求 $\boldsymbol{X}$.

解 因为

$$2\boldsymbol{A}+\boldsymbol{X}=\boldsymbol{B}-2\boldsymbol{X}$$
$$2\boldsymbol{A}+\boldsymbol{X}+2\boldsymbol{X}=\boldsymbol{B}$$
$$3\boldsymbol{X}=\boldsymbol{B}-2\boldsymbol{A}$$

所以

$$\begin{aligned}\boldsymbol{X}=\frac{1}{3}(\boldsymbol{B}-2\boldsymbol{A})&=\frac{1}{3}\begin{pmatrix}8-2 & 2-(-4) & 6-0\\5-8 & 3-6 & 4-10\end{pmatrix}\\&=\frac{1}{3}\begin{pmatrix}6 & 6 & 6\\-3 & -3 & -6\end{pmatrix}\\&=\begin{pmatrix}2 & 2 & 2\\-1 & -1 & -1\end{pmatrix}\end{aligned}$$

2.2.3 矩阵乘法

定义 7 设 $\boldsymbol{A}=(a_{ij})_{m\times s}$，$\boldsymbol{B}=(b_{ij})_{s\times n}$，规定

$$\boldsymbol{AB}=\begin{bmatrix}a_{11} & \cdots & a_{1s}\\\vdots & & \vdots\\a_{m1} & \cdots & a_{ms}\end{bmatrix}\begin{bmatrix}b_{11} & \cdots & b_{1n}\\\vdots & & \vdots\\b_{s1} & \cdots & b_{sn}\end{bmatrix}=\begin{bmatrix}c_{11} & \cdots & c_{1n}\\\vdots & & \vdots\\c_{m1} & \cdots & c_{mn}\end{bmatrix}$$

其中

$$c_{ij}=(a_{i1}\quad a_{i2}\quad\cdots\quad a_{is})\begin{bmatrix}b_{1j}\\b_{2j}\\\vdots\\b_{sj}\end{bmatrix}=a_{i1}b_{1j}+a_{i2}b_{2j}+\cdots+a_{is}b_{sj}\,(i=1,2,\cdots,m;j=1,2,\cdots,n)$$

注意 ① $\boldsymbol{A}$ 的列数 $=$ $\boldsymbol{B}$ 的行数；

② $\boldsymbol{AB}$ 的行数 $=$ $\boldsymbol{A}$ 的行数；

③ $\boldsymbol{AB}$ 的列数 $=$ $\boldsymbol{B}$ 的列数.

例 6 设 $\boldsymbol{A}=\begin{bmatrix}3 & -1\\0 & 3\\1 & 0\end{bmatrix}$，$\boldsymbol{B}=\begin{pmatrix}1 & 0 & 1 & -1\\0 & 2 & 1 & 0\end{pmatrix}$，求 $\boldsymbol{AB}$，$\boldsymbol{BA}$.

解

$$\boldsymbol{AB}=\begin{bmatrix}3 & -1\\0 & 3\\1 & 0\end{bmatrix}\begin{pmatrix}1 & 0 & 1 & -1\\0 & 2 & 1 & 0\end{pmatrix}$$

$$=\begin{pmatrix}3 & -2 & 2 & -3\\0 & 6 & 3 & 0\\1 & 0 & 1 & -1\end{pmatrix}$$

由于 $\boldsymbol{B}\cdot\boldsymbol{A}$ 不满足矩阵的乘法运算法则,所以不能相乘.

2.2.4　矩阵概念与矩阵的初等变换

(1)方程组中的基本概念.

对于线性方程组

$$\begin{cases}a_{11}x_1+a_{12}x_2+\cdots+a_{1n}x_n=b_1\\a_{21}x_1+a_{22}x_2+\cdots+a_{2n}x_n=b_2\\\quad\cdots\cdots\cdots\cdots\\a_{m1}x_1+a_{m2}x_2+\cdots+a_{mn}x_3=b_m\end{cases}\tag{1}$$

其中,系数可用 $\begin{pmatrix}a_{11} & a_{12} & \cdots & a_{1n}\\a_{21} & a_{22} & \cdots & a_{2n}\\\vdots & \vdots & & \vdots\\a_{m1} & a_{m2} & \cdots & a_{mn}\end{pmatrix}$ 表示;

$\boldsymbol{A}=\begin{pmatrix}a_{11} & \cdots & a_{1n}\\\vdots & & \vdots\\a_{m1} & \cdots & a_{mn}\end{pmatrix}$ 称为线性方程组(1) 的系数矩阵;

$\bar{\boldsymbol{A}}=\begin{pmatrix}a_{11} & \cdots & a_{1n} & b_1\\\vdots & & \vdots & \vdots\\a_{m1} & \cdots & a_{mn} & b_m\end{pmatrix}$ 称为线性方程组(1)的增广矩阵.

(2)矩阵的行(列)初等变换.

矩阵的行(列)初等变换如下.

① 对换矩阵的两行(列),用 $r_{ij}(c_{ij})$ 表示对换 i,j 两行(列)的行(列)初等变换,即 $r_i\leftrightarrow r_j$ ($c_i\leftrightarrow c_j$);

② 用非零数乘矩阵的某一行(列),用 $r_i(k)(c_i(k))$ 表示以 $k\neq 0$ 乘矩阵的第 i 行(列)的行(列)初等变换,即 $r_i\rightarrow kr_i(c_i\rightarrow kc_i)$;

③ 将矩阵的某行(列)乘以数 k 再加入另一行(列)中去,用 $r_{ij}(k)(c_{ij}(k))$ 表示 k 乘矩阵的第 i 行(列)后加到第 j 行(列)的行(列)初等变换,即 $r_j+kr_i(c_j+kc_i)$.

(3)矩阵的等价.

定义 8　将矩阵 $\boldsymbol{A}$ 的行经有限次初等变换化为 $\boldsymbol{B}$, 称 $\boldsymbol{A}$ 与 $\boldsymbol{B}$ 等价,记作 $\boldsymbol{A}\sim\boldsymbol{B}$.

(4)行阶梯形矩阵与最简形矩阵.

定义 9　若矩阵 $\boldsymbol{A}$ 的零行(元素全为零的行)位于 $\boldsymbol{A}$ 的下方,且各非零行(元素不全为零的行)的非零首元(第一个不为零的元素)的列标随行标的递增而严格增大,则称 $\boldsymbol{A}$ 为行阶梯形矩阵.

定义 10　若行阶梯形矩阵 $\boldsymbol{A}$ 的各非零首元均为 1,且各非零首元所在列的其余元素均为零,则称 $\boldsymbol{A}$ 为最简形.

(5)用初等变换线性方程组的解.

① 将线性方程组(1)的增广矩阵 $\bar{\mathbf{A}}$ 用行初等变换化为最简形；

② 由最简形对应的方程组得到解.

例 7　求解下列齐次线性方程组

$$\begin{cases} x_1+x_2+2x_3-x_4=0 \\ 2x_1+x_2+x_3-x_4=0 \\ 2x_1+2x_2+x_3+2x_4=0 \end{cases}$$

解　对系数矩阵实施行变换：

$$\begin{pmatrix} 1 & 1 & 2 & -1 \\ 2 & 1 & 1 & -1 \\ 2 & 2 & 1 & 2 \end{pmatrix} \sim \begin{pmatrix} 1 & 0 & -1 & 0 \\ 0 & 1 & 3 & -1 \\ 0 & 0 & 1 & -\dfrac{4}{3} \end{pmatrix}$$

即得

$$\begin{cases} x_1=\dfrac{4}{3}x_4 \\ x_2=-3x_4 \\ x_3=\dfrac{4}{3}x_4 \\ x_4=x_4 \end{cases}$$

故方程组的解为

$$\begin{pmatrix} x_1 \\ x_2 \\ x_3 \\ x_4 \end{pmatrix} = k\begin{pmatrix} \dfrac{4}{3} \\ -3 \\ \dfrac{4}{3} \\ 1 \end{pmatrix}$$

例 8　求解下列非齐次线性方程组：

(1) $\begin{cases} 4x_1+2x_2-x_3=2 \\ 3x_1-1x_2+2x_3=10 \\ 11x_1+3x_2=8 \end{cases}$

(2) $\begin{cases} 2x+3y+z=4 \\ x-2y+4z=-5 \\ 3x+8y-2z=13 \\ 4x-y+9z=-6 \end{cases}$

解　(1) 对系数的增广矩阵施初等行变换，有

$$\begin{pmatrix} 4 & 2 & -1 & 2 \\ 3 & -1 & 2 & 10 \\ 11 & 3 & 0 & 8 \end{pmatrix} \sim \begin{pmatrix} 1 & 3 & -3 & -8 \\ 0 & -10 & 11 & 34 \\ 0 & 0 & 0 & -6 \end{pmatrix}$$

故方程组无解.

（2）对系数的增广矩阵施初等行变换：

$$\begin{pmatrix} 2 & 3 & 1 & 4 \\ 1 & -2 & 4 & -5 \\ 3 & 8 & -2 & 13 \\ 4 & -1 & 9 & -6 \end{pmatrix} \sim \begin{pmatrix} 1 & 0 & 2 & -1 \\ 0 & 1 & -1 & 2 \\ 0 & 0 & 0 & 0 \\ 0 & 0 & 0 & 0 \end{pmatrix}$$

即得

$$\begin{cases} x = -2z - 1 \\ y = z + 2 \\ z = z \end{cases}$$

亦即

$$\begin{pmatrix} x \\ y \\ z \end{pmatrix} = k\begin{pmatrix} -2 \\ 1 \\ 1 \end{pmatrix} + \begin{pmatrix} -1 \\ 2 \\ 0 \end{pmatrix}$$

第四部分　能 力 提 升

(1)有四个工人,要指派他们分别完成4项工作,每人做各项工作所消耗的时间如表6-2所示.

表 6-2

工人＼工作	A	B	C	D
甲	15	18	21	24
乙	19	23	22	18
丙	26	17	16	19
丁	19	21	23	17

问指派哪个人去完成哪项工作,可使总的消耗时间为最小?

(2)如图6-3所示,求A到G的最短路径.

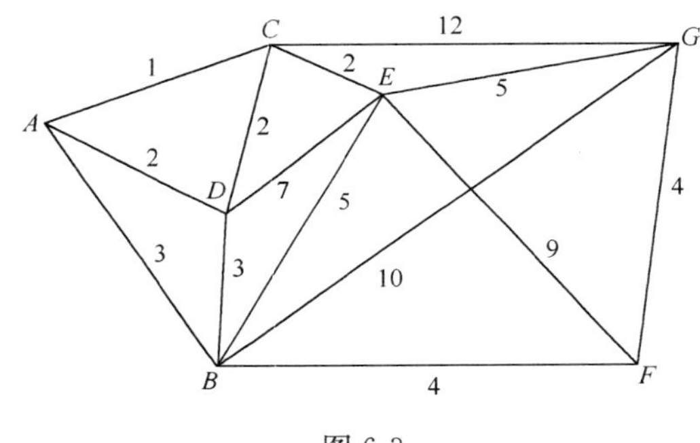

图 6-3

(3)某厂有A,B,C三台机器以及三项作业Ⅰ,Ⅱ,Ⅲ,要求每台机器只完成一项作业,每项作业只能由一台机器完成,三台机器完成各项作业的费用由表6-3给出,问怎么指派三台机器去完成三项作业,可以使费用最小?

表 6-3

	Ⅰ	Ⅱ	Ⅲ
A	25	15	22
B	31	20	19
C	35	24	17

第五部分 信息反馈

学习情景	生产管理的最优化
学号	
姓名	
任课教师	
学生学习疑问反馈	
学习效果自我评价	
教师综合评价	

学习情景七　工件的优化设计

第一部分　学习任务分解

学习领域	数学核心能力应用
学习目标	学会将实际问题通过分析转化为数学问题，利用数学知识来解决实际问题
学习重点	(1)工件几何知识的计算； (2)工件尺寸的优化计算
学习难点	(1)将实际问题转化为数学问题； (2)用数学方式来表达实际问题； (3)优化的数学算法
学习思路	读懂题意—简化原题的内容—用更简洁的方式表达(主要因素)—转化为数学语言—构建数学问题—用数学知识解决问题—将数学结论还原到实际问题—总结—推广
数学工具	平面几何、立体几何、多元函数的导数、多元函数的最值
教学方法	讲授法、案例教学、情景教学法、讨论法、启发式
学时安排	建议学时 6～10

第二部分　情景背景

人们只要稍加留意就会发现销量很大的饮料(如饮料量为355mL的可口可乐、青岛啤酒等)的饮料罐(即易拉罐)的形状和尺寸几乎都是一样的.看来,这并非偶然,这应该是某种意义下的最优设计.当然,对于单个易拉罐来说,这种最优设计可以节省的钱可能是很有限的,但是如果是生产几亿,甚至几十亿个易拉罐的话,可以节约的钱就很可观了.

以一个无损坏净含量为355mL的可口可乐饮料易拉罐为例(图7-1),用千分尺测得易拉罐各个部分的数据见表7-1.并思考以下几个问题.

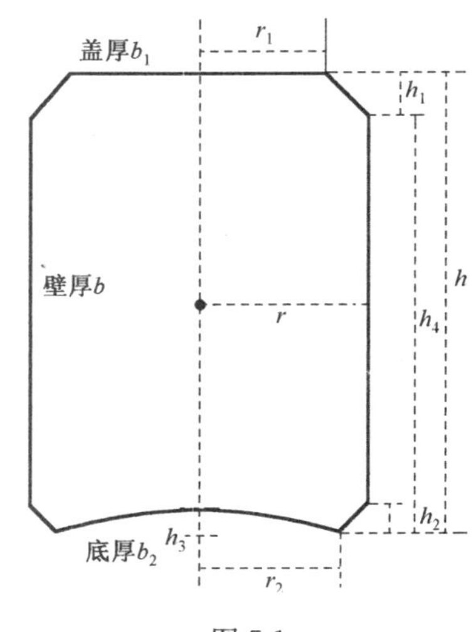

图7-1

表7-1

检测部位	可口可乐罐均值/mm
易拉罐的总高度(h)	122.90
易拉罐顶盖的厚度(b_1)	0.31
易拉罐底盖的厚度(b_2)	0.30
易拉罐罐壁的厚度(b)	0.15
易拉罐中间柱体的半径(r)	31.75
易拉罐顶盖的半径(r_1)	29.07
易拉罐底盖的半径(r_2)	26.75
易拉罐顶盖到圆台底端的垂直距离(h_1)	13.00
易拉罐底端到圆柱部分底端的垂直距离(h_2)	7.30
易拉罐底盖的拱高(h_3)	10.10

(1)设易拉罐是一个正圆柱体.什么是它的最优设计?其计算结果是否可以合理地解释所测量的易拉罐的形状和尺寸.

(2)设易拉罐的中心纵断面如图 7-2 所示,即上面部分是一个正圆台,下面部分是一个正圆柱体.什么是它的最优设计?其结果是否可以合理地解释所测量的易拉罐的形状和尺寸.

图 7-2

(3)利用所测量的易拉罐的形状与尺寸,发挥个人的洞察力和想象力,做出自己的关于易拉罐形状和尺寸的最优设计.

第三部分　情景学习

问题1　将饮料罐假设为正圆柱体(图7-3)，事实上由于制造工艺等要求，它不可能正好是数学上的正圆柱体，但这样简化问题确实是近似的、合理的.

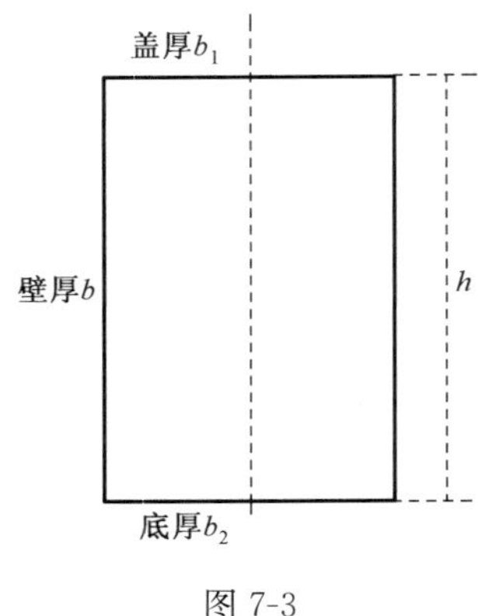

图7-3

要求饮料罐容积一定时，求能使易拉罐制作所用的材料最省的顶盖的直径和从顶盖到底部的高之比. 在这种简化下，显然有 $r = r_1 = r_2$，体积 $V = \pi r^2 h$.

由于易拉罐上底和下底的强度必须要大一点(经千分卡尺的实际测量结果为上、下底的厚度是罐壁厚的2倍；同时由材料力学应力状态理论知识可知二向应力中，上、下底所受的应力是罐壁所受应力的2倍)，因而在制造过程中，上、下底的厚度为罐的其他部分厚度的2倍，即 $b_1 = b_2 = 2b$. 因而制罐用材的总体积 $A(r,h)$ 为上下面的体积 $A_{上下}$ 和侧面的体积 $A_{侧}$ 之和，其中，有

$$A_{上下} = 2\pi r^2 b + 2\pi r^2 b$$
$$A_{侧} = \pi h\,(r+b)^2 - \pi h r^2 = 2\pi rbh + \pi hb^2$$

所以

$$\begin{aligned} A(r,h) &= A_{上下} + A_{侧} \\ &= 2\pi r^2 b + 2\pi r^2 b + 2\pi rbh + \pi hb^2 \end{aligned}$$

为了简化计算，由于 b（测量所得 $b = 0.15$）远小于 r（测量所得 $2r = 63.50$），所以 πhb^2 可以忽略不计，有

$$A(r,h) = 2\pi r^2 b + 2\pi r^2 b + 2\pi rhb = (4\pi r^2 + 2\pi rh)b$$

于是建立了以下的数学模型：①目标函数为 $A(r,h)$；②约束条件为 $V = \pi r^2 h$；即求 $A(r,h)$ 在约束条件 $V = \pi r^2 h$ 下的最小值. 其中 V 是已知的(由模型假设可知).

解法一　从 $V = \pi r^2 h$ 解出 $h = \dfrac{V}{\pi r^2}$，代入 A，即

$$A(r,h) = b\left(4\pi r^2 + \frac{2V}{r}\right)$$

应用不等关系式

$$\frac{1}{n}\sum_{i=1}^{n}a_i \geqslant \sqrt[n]{\prod_{i=1}^{n}a_i},\ a_i > 0, i = 1,\cdots,n$$

当且仅当 $a_1 = a_2 = \cdots = a_n$ 时等号成立.

得

$$b\left(\frac{2V}{r} + 4\pi r^2\right) \geqslant 3b\ \sqrt[3]{4\pi V^2}$$

当且仅当 $\frac{V}{r} = 4\pi r^2$ 时等号成立,即

$$r = \sqrt[3]{\frac{V}{4\pi}}$$

再由 $h = \frac{V}{\pi r^2}$,得

$$h = \frac{V}{\pi}\sqrt[3]{\left(\frac{4\pi}{V}\right)^2} = \sqrt[3]{\frac{(4\pi)^2 V^3}{\pi^3 V^2}} = 4\sqrt[3]{\frac{V}{4\pi}} = 4r$$

即

$$h = 4r$$

解法二　问题就是求 $A(r,h) = (4\pi r^2 + 2\pi rh)b$ 在约束条件 $V = \pi r^2 h$ 下的最小值. 即

$$\text{Min}A(r,h) = (4\pi r^2 + 2\pi rh)b$$

$$\text{s. t.}\begin{cases} V = \pi r^2 h \\ h > 0 \\ r > 0 \end{cases}$$

利用 Lagrange 乘子法求解,作函数

$$L(r,h,\lambda) = (4\pi r^2 + 2\pi rh)b + \lambda(V - \pi r^2 h)$$

令偏导数为零,即

$$\begin{cases} \frac{\partial L}{\partial r} = (8\pi r + 2\pi h)b + \lambda(-2\pi rh) = 0 \\ \frac{\partial L}{\partial h} = 2\pi rb - \pi r^2\lambda = 0 \\ \frac{\partial L}{\partial \lambda} = V - \pi r^2 h = 0 \end{cases}$$

解得

$$r = \sqrt[3]{\frac{V}{4\pi}},\quad h = 4\sqrt[3]{\frac{V}{4\pi}},\quad \lambda = 2b\sqrt[3]{\frac{4\pi}{V}}$$

唯一的驻点就是问题的极值点,也是此问题的最优解.

可以得出结论和解法一是一致的. 即总罐高 h 为直径的 2 倍,正圆柱体的易拉罐所用的材料最省. 这与用千分尺所测得 $h:r = 4.029$ 差别不大. 这是因为所测量的易拉罐下底并非是一个圆面,而是一个向上凸的拱面.

拓展思考　如果不忽略 $A(r,h) = 2\pi r^2 b + 2\pi r^2 b + 2\pi rbh + \pi hb^2$ 中的 πhb^2 部分,结论如何?

问题 2 将易拉罐的外形看成两部分(图 7-4):一部分是一个正圆台;另一部分是一个正圆柱体.

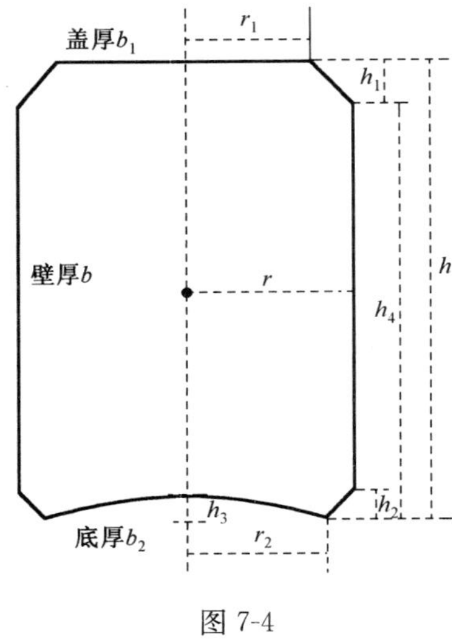

图 7-4

要求饮料罐容积一定时,求能使易拉罐制作所用的材料最省的顶盖的直径和从顶盖底部的高之比. 在这种形状下还是 $b_1 = b_2 = 2b$, 根据圆台的体积公式得到罐装饮料如下体积:

$$\textbf{正圆台}\text{部分的体积 } V_1 = \frac{1}{3}(\pi r_1^2 + \pi r^2 + \pi r_1 r)h_1$$

$$\textbf{正圆柱}\text{部分的体积 } V_2 = \pi r^2 h_4$$

从而得到易拉罐的体积为

$$V = V_1 + V_2 = \frac{1}{3}(\pi r_1^2 + \pi r^2 + \pi r_1 r)h_1 + \pi r^2 h_4$$

易拉罐上、下底的厚度为罐的其他部分厚度的 2 倍. 制罐用材的总体积为

$$A(r,h) = A_{圆台} + A_{圆柱}$$

易拉罐正圆台部分所用的材料体积为

$$\begin{aligned}A_{圆台} &= \frac{(h_1 + 2b)\pi}{3}[(r+b)^2 + (r+b)(r_1+b) + (r_1+b)^2] - \frac{h_1\pi}{3}(r^2 + rr_1 + r_1^2)\\ &= \pi bh_1(r + r_1 + b) + 2\pi b^2(r + r_1) + 2\pi b^3 + \frac{2b}{3}\pi(r^2 + rr_1 + r_1^2)\end{aligned}$$

因为 $b \ll r$, 故 $2\pi b^3$ 可以忽略,则易拉罐正圆台部分所用的材料体积为

$$A_{圆台} \approx \pi bh_1(r + r_1 + b) + 2\pi b^2(r + r_1) + \frac{2b}{3}\pi(r^2 + rr_1 + r_1^2)$$

易拉罐正圆柱部分所用的材料体积为

$$\begin{aligned}A_{圆柱} &= \pi(r+b)^2(h_4 + 2b) - \pi r^2 h_4 A_{圆柱}\\ &= \pi(r+b)^2(h_4 + 2b) - \pi r^2 h_4\\ &= 2\pi r^2 b + 2\pi brh_4 + \pi(4b^2 r + b^2 h_4 + 2b^3)\end{aligned}$$

因为 $b \ll r$，故 $2\pi b^3$ 可以忽略. 则易拉罐正圆柱部分所用的材料体积为

$$A_{圆柱} \approx 2\pi r^2 b + 2\pi b r h_4 + \pi(4b^2 r + b^2 h_4)$$

易拉罐的总材料体积为

$$A = A_{圆台} + A_{圆柱} \approx \pi b h_1(r + r_1 + b) + 2\pi b^2(r + r_1) + \frac{2b}{3}\pi(r^2 + rr_1 + r_1^2) + 2\pi r^2 b + 2\pi b r h_4 + \pi(4b^2 r + b^2 h_4)$$

建立以下的数学模型：

$$\text{Min } A = \pi b h_1(r + r_1 + b) + 2\pi b^2(r + r_1) + \frac{2b}{3}\pi(r^2 + rr_1 + r_1^2) + 2\pi r^2 b + 2\pi b r h_4 + \pi(4b^2 r + b^2 h_4)$$

$$\text{s. t.} \begin{cases} V = \frac{1}{3}(\pi r_1^2 + \pi r^2 + \pi r_1 r)h_1 + \pi r^2 h_4 \\ h > h_1 \\ r > r_1 \\ V = 355000, b = 0.15 \end{cases}$$

利用 LINGO 数学软件算得

$$\begin{cases} A_{\min} = 5206.095 \\ r_1 = 29.83883 \\ r = 30.57185 \\ h_1 = 0.3674145 \\ h = 120.9148 \end{cases}$$

考虑到计算中的误差和 $h_1 \ll h$，显然，易拉罐的形状是正圆柱体. 也就是说在容积相同的情况下，正圆柱体形的易拉罐要比上面部分是正圆台、下面部分是正圆柱体的易拉罐省材料，但是问题要求设计的上面部分是正圆台的易拉罐，因此需要进一步改进.

问题 3　对于问题 3，可以从经济、耐压力、美观和实用性这四个方面出发建立关于材料最省的优化模型.

(1)从经济角度考虑，把原料最省作为目标函数.

(2)从易拉罐的耐压性考虑，要求上下底面比侧面厚，在这种形状下还是 $b_1 = b_2 = 2b$. 根据力学原理，把底盖设计成一种拱形结构，拱形的优点是载重负荷大，节省材料，自重小. 因此同种材料，它的强度要比没有拱形时大.

(3)从美学角度考虑，当高与底面直径之比符合黄金分割法时，视觉效果最佳，此时 $2r : h = 0.618$.

(4)从实用性方面考虑，便于叠加放置，即顶盖的半径比底盖的半径大. 由于接缝折边技术的限制，接缝折边厚度为 3mm 左右，即 $r_1 - r_2 = 3$.

通过上述分析，由此建立目标函数：

$$\text{Min } A(r,h) = 2\pi r(h - h_1 - h_2)b + 2\pi r_1^2 b + \pi b(r_1 + r)\sqrt{(r - r_1)^2 + h_1^2} + \pi b(r_2 + r)\sqrt{(r - r_2^2) + h_2^2} + 2\pi b(r_2^2 - h_3^2)$$

$$\text{s.t.}\begin{cases}V=\dfrac{1}{3}\pi(r_1^2+r^2+rr_1)h_1+\pi r^2(h-h_1-h_2)\\ \qquad +\dfrac{1}{3}\pi(r_2^2+r^2+rr_2)h_2-\dfrac{1}{6}\pi h_3(3r_2^2+h_3^2)\\ b=0.15\\ v=355000\\ r_1-r_2=3\\ 2r:h=0.618\end{cases}$$

利用数学软件得到计算结果为

$$\begin{cases}A_{\min}=60351.81\\ r=32.52390\\ h=116.8454\\ h_1=10.72101\\ h_2=7.18004\\ r_1=30.52390\\ r_2=27.52390\\ h_3=9.85230\end{cases}$$

拓展思考　除了以上考虑到的因素，再考虑环保的问题，即喝完之后的易拉罐便于回收和回收之后尽可能地减少储存空间(易于将易拉罐压扁)，可以考虑图 7-5 的设计模式，试分析如何设计这种模式，使得满足上面的要求.

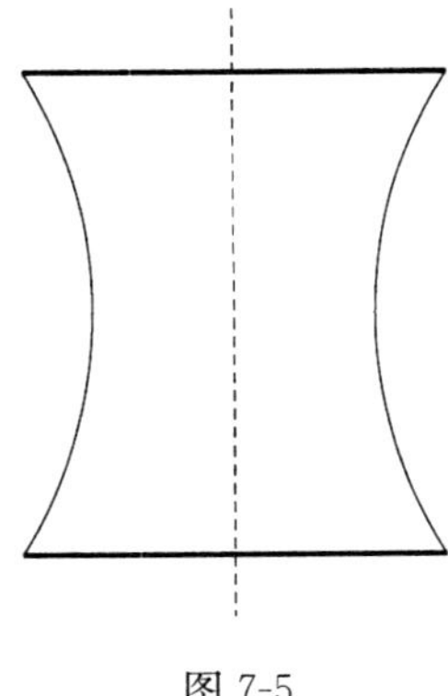

图 7-5

第四部分　数 学 工 具

1　多元函数

1.1　多元函数的概念

在生产实践和科学试验中，所研究的问题常遇到多种因素，它反映到数学上是一个变量依赖于多个变量的问题，这就是多元函数.

例 1　矩形的面积 S 与它的长 x，宽 y 之间的关系 $S = xy$，其中，面积 S 是随 x，y 的变化而变化的，当 x，y 在一定范围内取定一对值时，S 的值就随之唯一确定.

例 2　长方体的体积 V 与它的长 x，宽 y，高 z 之间的关系 $V = xyz$，其中，体积 V 是随 x，y 和 z 的变化而变化的，当 x，y 和 z 在一定范围内取定一对值时，V 的值也就随之唯一确定.

以上两例代表的具体意义虽然不同，但它们具有共性，即对于某一范围内的一组数，按照某种对应规律，都有唯一确定的数值与之对应.

定义　设有三个变量 x，y，z，如果当变量 x，y 在一定范围内任意取定一组值时，变量 z 按照一定的规律，总有唯一确定的值与之对应，则称变量 z 为变量 x，y 的二元函数，记为

$$z = f(x,y) \text{ 或 } z = z(x,y)$$

其中，变量 x 和 y 称为自变量；变量 z 称为因变量；自变量 x 和 y 的变化范围称为二元函数 z 的定义域.

类似地，可以定义三元函数（如 $u = f(x,y,z)$）及三元以上的函数. 二元及二元以上的函数统称为多元函数.

1.2　偏导数和全微分

偏导数的概念　多元函数中，当某一自变量在变化，而其他自变量不变化（视为常数）时，函数关于这个自变量的变化率叫做多元函数对这个自变量的偏导数. 这里仅介绍二元函数偏导数的定义，三元及三元以上函数的偏导数可以类似得出.

偏导数的定义　设函数 $z = f(x,y)$ 在点 (x_0, y_0) 的附近有定义，当 y 固定在 y_0 且 x 在 x_0 处有增量 Δx 时，相应地，函数有增量（称为对 x 的偏增量）

$$\Delta_x z = f(x_0 + \Delta x, y_0) - f(x_0, y_0)$$

如果极限

$$\lim_{\Delta x \to 0} \frac{\Delta_x z}{\Delta x} = \lim_{\Delta x \to 0} \frac{f(x_0 + \Delta x, y_0) - f(x_0, y_0)}{\Delta x}$$

存在，则称此极限值为函数 $z = f(x,y)$ 在点 (x_0, y_0) 处对 x 的偏导数，记为

$$\left.\frac{\partial z}{\partial x}\right|_{\substack{x=x_0\\y=y_0}}, \quad f_x(x_0, y_0) \text{ 或 } \left. z_x \right|_{\substack{x=x_0\\y=y_0}}$$

即

$$\left.\frac{\partial z}{\partial x}\right|_{\substack{x=x_0\\y=y_0}}=\lim_{\Delta x\to 0}\frac{f(x_0+\Delta x,y_0)-f(x_0,y_0)}{\Delta x}$$

类似地，函数 $z=f(x,y)$ 在点 (x_0,y_0) 处对 y 的偏导数定义为

$$\lim_{\Delta y\to 0}\frac{\Delta_y z}{\Delta y}=\lim_{\Delta y\to 0}\frac{f(x_0,y_0+\Delta y)-f(x_0,y_0)}{\Delta y}$$

记为

$$\left.\frac{\partial z}{\partial y}\right|_{\substack{x=x_0\\y=y_0}},\quad f_y(x_0,y_0)\text{ 或 }z_y\Big|_{\substack{x=x_0\\y=y_0}}$$

这里用符号 ∂ 代替 d，以区别于一元函数的导数.

如果函数 $z=f(x,y)$ 在区域 D 内每一点 (x,y) 处对 x 的偏导数都存在，则这个偏导数仍然是 x,y 的函数，称为函数 $z=f(x,y)$ 对自变量 x 的偏导函数，记为

$$\frac{\partial z}{\partial x}\text{ 或 }f_x(x,y)\text{ 或 }z_x$$

类似地，可以定义函数 $z=f(x,y)$ 对自变量 y 的偏导函数，记为

$$\frac{\partial z}{\partial y}\text{ 或 }f_y(x,y)\text{ 或 }z_y$$

类似一元函数的导函数，以后在不至于混淆的地方也把偏导函数简称为偏导数.

应当指出，在一元函数 $y=f(x)$ 中，导数 $\frac{\mathrm{d}y}{\mathrm{d}x}$ 可看作函数的微分 $\mathrm{d}y$ 与自变量微分 $\mathrm{d}x$ 之商，但对二元函数 $z=f(x,y)$（多元函数）来说，$\frac{\partial z}{\partial x},\frac{\partial z}{\partial y}$ 是一个整体记号，不能看作分子与分母之商.

由偏导数的定义可知，在求多元函数对某一个自变量的偏导数时，只需将其他自变量看成常数，用一元函数求导方法即可求得偏导数.

例 3 求二元函数 $z=xy^2+y\cos x^2$ 的偏导数.

解 对 x 求偏导数，把 y 看作常数，得

$$\frac{\partial z}{\partial x}=y^2-2xy\sin x^2$$

对 y 求偏导数，把 x 看作常数，得

$$\frac{\partial z}{\partial y}=2xy+\cos x^2$$

例 4 求二元函数 $z=x^3-xy+y^3$ 在点(0,1)处的偏导数.

解 由于

$$\frac{\partial z}{\partial x}=3x^2-y,\quad \frac{\partial z}{\partial y}=-x+3y^2$$

在点(0,1)处，将 $x=0,y=1$ 代入 $\frac{\partial z}{\partial x}$ 和 $\frac{\partial z}{\partial y}$，得

$$f_x(0,1)=\left.\frac{\partial z}{\partial x}\right|_{\substack{x=0\\y=1}}=-1,\quad f_y(0,1)=\left.\frac{\partial z}{\partial y}\right|_{\substack{x=0\\y=1}}=3$$

高阶偏导数 如果二元函数 $z=f(x,y)$ 的偏导数 $f_x(x,y),f_y(x,y)$ 的偏导数存在，

那么它们的偏导数称为函数 $z=f(x,y)$ 的二阶偏导数.相对于二阶偏导数,就称 $f_x(x,y)$,$f_y(x,y)$ 为一阶偏导数.依照对变量求导数的次序不同,有下列四个二阶偏导数:

$$\frac{\partial}{\partial x}\left(\frac{\partial z}{\partial x}\right)=\frac{\partial^2 z}{\partial x^2}=f_{xx}(x,y)=z_{xx},\qquad \frac{\partial}{\partial y}\left(\frac{\partial z}{\partial x}\right)=\frac{\partial^2 z}{\partial x\partial y}=f_{xy}(x,y)=z_{xy}$$

$$\frac{\partial}{\partial x}\left(\frac{\partial z}{\partial y}\right)=\frac{\partial^2 z}{\partial y\partial x}=f_{yx}(x,y)=z_{yx},\qquad \frac{\partial}{\partial y}\left(\frac{\partial z}{\partial y}\right)=\frac{\partial^2 z}{\partial y^2}=f_{yy}(x,y)=z_{yy}$$

以上二、三两个偏导数称为混合偏导数.这里 $f_{xy}(x,y)$ 与 $f_{yx}(x,y)$ 的区别在于前一个是先对 x 后对 y 求偏导,而后一个是先对 y 后对 x 求偏导.

可以证明,当 $f_{xy}(x,y)$ 与 $f_{yx}(x,y)$ 都连续时,求偏导的结果与先后次序无关,即

$$f_{xy}(x,y)=f_{yx}(x,y)$$

类似地,可以定义三阶,四阶,…,n 阶偏导数.

二阶及二阶以上的偏导数称为高阶偏导数.

例 5 求二元函数 $z=e^x\cos y$ 的二阶偏导数.

解 先求一阶偏导数,得

$$\frac{\partial z}{\partial x}=e^x\cos y,\quad \frac{\partial z}{\partial y}=-e^x\sin y$$

再求二阶偏导数,得

$$\frac{\partial^2 z}{\partial x^2}=e^x\cos y$$

$$\frac{\partial^2 z}{\partial x\partial y}=\frac{\partial^2 z}{\partial y\partial x}=-e^x\sin y$$

$$\frac{\partial^2 z}{\partial y^2}=-e^x\cos y$$

说明 在求二元函数的偏导数时,容易发现如下规律,二元函数的一阶偏导数有 2 个,二阶偏导数有 4 个,三阶偏导数有 8 个,…,n 阶偏导数有 2^n 个.

全微分 在一元函数微分学中,函数 $y=f(x)$ 的微分 $dy=f'(x)dx$,并且当自变量 x 的改变量 $\Delta x\to 0$ 时,函数相应的改变量 Δy 与 dy 的差是比 Δx 高阶的无穷小量.这一结论可以推广到二元函数的情形.

例如,设 z 表示长和宽分别为 x,y 的矩形面积,即 $z=xy$.如果长 x 与宽 y 分别取得增量 Δx 与 Δy,则面积 z 相应地有全增量

$$\Delta z=(x+\Delta x)(y+\Delta y)-xy=y\Delta x+x\Delta y+\Delta x\Delta y$$

上式中,$y\Delta x+x\Delta y$ 是关于 Δx,Δy 的线性函数,而当 $\Delta x\to 0$,$\Delta y\to 0$,$|\Delta x\Delta y|$ 是一个很小的量时,或者说当 $\rho=\sqrt{(\Delta x)^2+(\Delta y)^2}\to 0$ 时,$\Delta x\Delta y$ 是 ρ 的高阶无穷小量,故可忽略 $\Delta x\Delta y$,而用 $y\Delta x+x\Delta y$ 近似地表示 Δz,把 $y\Delta x+x\Delta y$ 称为 z 的微分,记为 dz,即

$$dz=y\Delta x+x\Delta y$$

一般地,可引入如下定义.

设函数 $z=f(x,y)$ 对于自变量 x,y 在点 $P(x,y)$ 处各自有一个很小的改变量 Δx,Δy,相应的函数有一个全增量

$$\Delta z=A\Delta x+B\Delta y+0(\rho)(\rho=\sqrt{(\Delta x)^2+(\Delta y)^2})$$

其中 A, B 是与 Δx, Δy 无关,仅与 x, y 有关的函数或常数,而 $0(\rho)$ 是比 ρ 高阶的无穷小量,则称函数 $z=f(x,y)$ 在点 $P(x,y)$ 处可微,且 $A\Delta x+B\Delta y$ 称为函数在点 $P(x,y)$ 处的全微分,记为 $\mathrm{d}z$ 或 $\mathrm{d}f(x,y)$. 即

$$\mathrm{d}z=\mathrm{d}f(x,y)=A\Delta x+B\Delta y$$

可以证明,如果函数 $z=f(x,y)$ 在点 $P(x,y)$ 的某一邻域内有连续偏导数 $f_x(x,y)$ 和 $f_y(x,y)$,则函数 $z=f(x,y)$ 在点 $P(x,y)$ 处可微,并且

$$\mathrm{d}z=f_x(x,y)\mathrm{d}x+f_y(x,y)\mathrm{d}y$$

类似地,二元函数的全微分可以推广到三元及三元以上的函数.

例 6 求函数 $z=x^2y-xy^2$ 的全微分.

解 因为

$$\frac{\partial z}{\partial x}=2xy-y^2,\quad \frac{\partial z}{\partial y}=x^2-2xy$$

所以

$$\mathrm{d}z=(2xy-y^2)\mathrm{d}x+(x^2-2xy)\mathrm{d}y$$

例 7 计算函数 $z=(x+y)\mathrm{e}^{xy}$ 在点(1,2)处的全微分.

解

$$\frac{\partial z}{\partial x}=\mathrm{e}^{xy}+y(x+y)\mathrm{e}^{xy}=(1+xy+y^2)\mathrm{e}^{xy},\quad \left.\frac{\partial z}{\partial x}\right|_{\substack{x=1\\y=2}}=7\mathrm{e}^2$$

$$\frac{\partial z}{\partial y}=\mathrm{e}^{xy}+x(x+y)\mathrm{e}^{xy}=(1+xy+x^2)\mathrm{e}^{xy},\quad \left.\frac{\partial z}{\partial y}\right|_{\substack{x=1\\y=2}}=4\mathrm{e}^2$$

所以

$$\mathrm{d}z|_{(1,2)}=7\mathrm{e}^2\mathrm{d}x+4\mathrm{e}^2\mathrm{d}y$$

由全微分的定义可知,如果二元函数 $z=f(x,y)$, 在 x_0, y_0 分别取得增量 Δx 与 Δy, 相应地, z 有全增量

$$\Delta z=f(x_0+\Delta x,y_0+\Delta y)-f(x_0,y_0)\approx f_x(x_0,y_0)\Delta x+f_y(x_0,y_0)\Delta y$$

即

$$f(x_0+\Delta x,y_0+\Delta y)\approx f(x_0,y_0)+f_x(x_0,y_0)\Delta x+f_y(x_0,y_0)\Delta y$$

这一结论在近似计算中有一定的应用.

例 8 求 $(0.98)^{0.99}$ 的近似值.

分析 在解决这类问题时,首先要根据已知条件构造一个相应的二元函数,然后再求解.

解 设函数

$$f(x,y)=x^y$$

并取

$$x_0=1,\quad y_0=1$$

$$\Delta x=-0.02,\quad \Delta y=-0.01$$

又因为

$$f_x(x,y)=yx^{y-1},\quad f_y(x,y)=x^y\ln x$$

则

$$f_x(1,1)=1,\quad f_y(1,1)=0,\quad f(1,1)=1$$

所以

$$\begin{aligned}(0.98)^{0.99}&=f(1-0.02,1-0.01)\\&\approx f(1,1)+f_x(1,1)\Delta x+f_y(1,1)\Delta y\\&=1-0.02=0.98\end{aligned}$$

1.3　多元函数的极值与最值

二元函数极值的定义　设二元函数 $z=f(x,y)$ 在点 $P_0(x_0,y_0)$ 及其附近有定义,并且对于点 $P_0(x_0,y_0)$ 附近的任意点 $P(x,y)$,如果总有

(1) $f(x,y)<f(x_0,y_0)$,则称函数在点 (x_0,y_0) 处有极大值 $f(x_0,y_0)$;

(2) $f(x,y)>f(x_0,y_0)$,则称函数在点 (x_0,y_0) 处有极小值 $f(x_0,y_0)$.

极大值和极小值统称为极值.使函数取得极值的点称为极值点.

例如,函数 $z=\sqrt{a^2-x^2-y^2}(a>0)$ 在点 $(0,0)$ 处有极大值 $z=a$,由图 7-6 易见,点 $(0,0,a)$ 是半球 $z=\sqrt{a^2-x^2-y^2}$ 的最高点.

又如,函数 $z=x^2+y^2$ 在点 $(0,0)$ 处有极小值,因为在点 $(0,0)$ 的附近且异于点 $(0,0)$ 的点的函数值都为正,而点 $(0,0)$ 处函数值为零.从几何上看是显然的,因为点 $(0,0)$ 是开口向上的旋转抛物面 $z=x^2+y^2$ 的顶点(图 7-6).

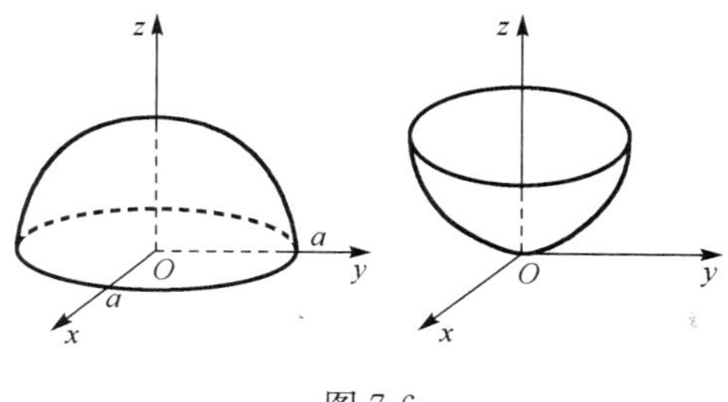

图 7-6

二元函数极值存在的必要条件　设二元函数 $z=f(x,y)$ 在点 (x_0,y_0) 处可微,且在点 (x_0,y_0) 处有极值,则

$$f_x(x_0,y_0)=0,\quad f_y(x_0,y_0)=0$$

若点 (x_0,y_0) 能使函数 $z=f(x,y)$ 的偏导数 $f_x(x,y),f_y(x,y)$ 同时为零,则称点 (x_0,y_0) 是函数 $z=f(x,y)$ 的驻点.可微函数的极值点必是驻点,但驻点不一定是极值点.

二元函数极值存在的充分条件　设二元函数 $z=f(x,y)$ 在驻点 (x_0,y_0) 及其附近有一阶及二阶连续偏导数,若记 $A=f_{xx}(x_0,y_0)$, $B=f_{xy}(x_0,y_0)$, $C=f_{yy}(x_0,y_0)$, $\Delta=B^2-AC$,则 $f(x,y)$ 在 (x_0,y_0) 取得极值的条件如表 7-2 所示.

表 7-2

$\Delta = B^2 - AC$	$f(x_0, y_0)$	
$\Delta < 0$	$A < 0$	极大值
	$A > 0$	极小值
$\Delta > 0$		不是极值
$\Delta = 0$		需用其他方法判定

由以上定理可知,求具有二阶连续偏导数的二元函数 $z = f(x,y)$ 的极值的步骤如下.

(1)确定函数 $z = f(x,y)$ 的定义域 D;

(2)求使 $f_x(x,y) = 0, f_y(x,y) = 0$ 同时成立的全部实数解,即得全部驻点;

(3)对于每一个驻点 (x_0, y_0), 求出二阶偏导数,即 A, B 和 C 的值;

(4)根据上述定理判定 $f(x_0, y_0)$ 是否是极值、是极大值还是极小值.

例 9　求函数 $f(x,y) = x^3 - y^3 + 3x^2 + 3y^2 - 9x$ 的极值.

解　由方程组

$$\begin{cases} f_x(x,y) = 3x^2 + 6x - 9 = 0 \\ f_y(x,y) = -3y^2 + 6y = 0 \end{cases}$$

求得驻点为

$$(1,0),\quad (1,2),\quad (-3,0),\quad (-3,2)$$

再求出二阶偏导数

$$f_{xx}(x,y) = 6x + 6,\quad f_{xy} = 0,\quad f_{yy} = -6y + 6$$

在点(1,0)处,有

$$B^2 - AC = -72 < 0,\quad 又 A > 0$$

所以函数在(1,0)处有极小值

$$f(1,0) = -5$$

在点(1,2)处,有

$$B^2 - AC = 72 > 0$$

所以 $f(1,0)$ 不是极值;

在点(−3,0)处,有

$$B^2 - AC = 72 > 0$$

所以 $f(-3,0)$ 不是极值;

在点(−3,2)处,有

$$B^2 - AC = -72 < 0,\quad 又 A < 0$$

所以函数在(−3,2)处有极大值 $f(-3,2) = 31$.

综上所述, $f(x,y)$ 的极小值为 $f(1,0) = -5$, 极大值为 $f(-3,2) = 31$.

说明　当讨论函数的极值问题时，如果函数在所讨论的区域内具有偏导数，则极值只可能在驻点处取得. 然而，如果函数在个别点处的偏导数不存在，这些点虽然不是驻点，但也可能是极值点. 例如，函数 $z=-\sqrt{x^2+y^2}$ 在点(0,0)处的偏导数不存在，但该函数在点(0,0)却具有极大值. 因此，考虑函数的极值问题时，除了考虑函数的驻点外，如果有偏导数不存在的点，那么对这些点也要讨论.

多元函数的最值　与一元函数类似，求多元函数的最值的一般方法是将函数 $f(x,y)$ 在 D 内的所有驻点及偏导数不存在的点处的函数值及在 D 的边界上的值相互比较，其中最大的就是最大值，最小的就是最小值. 在实际问题中，如果根据问题本身，知道函数 $f(x,y)$ 一定在 D 上有最大值或最小值，而该函数在 D 内只有一个驻点，那么该驻点处的函数值就是函数 $f(x,y)$ 在 D 上的最大值或最小值.

例 10　某公司通过电视台和报纸两种方式做产品销售广告，根据统计资料分析可知，销售收入 R（万元）与电视台广告费 x（万元）、报纸广告费 y（万元）有如下经验公式

$$R=15+14x+32y-8xy-2x^2-10y^2(x\geqslant 0,y\geqslant 0)$$

求在广告费不限的情况下，使收益最大的广告策略.

解　由于

$$R_x=14-8y-4x,\quad R_y=32-8x-20y$$

由方程组

$$\begin{cases}R_x=14-8y-4x=0\\R_y=32-8x-20y=0\end{cases}$$

解得驻点为

$$\left(\frac{3}{2},1\right)$$

又因为

$$R_{xx}=-4,\quad R_{xy}=-8,\quad R_{yy}=-20$$

所以

$$\Delta=(-8)^2-(-4)(-20)=-16<0$$

由定理可知，$\left(\frac{3}{2},1\right)$ 是极大值点，且驻点唯一，所以当电视台广告费为 $\frac{3}{2}$ 万元、报纸广告费为 1 万元时，可使收益最大.

上面所讨论的极值问题，对于函数的自变量，除了限制在函数的定义域内，并无其他条件，称为无条件极值. 但在实际问题中，有时会遇到对函数的自变量还有附加条件的极值问题，这类极值问题称为条件极值. 对于有些实际问题，可以把条件极值化为无条件极值. 但在有些情形下，将条件极值化为无条件极值并不容易. 此处介绍一种可以不必先把问题化为无条件极值问题，而是直接寻求条件极值的方法，这就是拉格朗日乘数法.

拉格朗日乘数法　要找函数 $z=f(x,y)$ 在条件 $\phi(x,y)=0$ 下的可能极值点,可首先构造辅助函数

$$F(x,y)=f(x,y)+\lambda\phi(x,y)$$

其中,λ 为某一常数(称为拉格朗日乘数),然后求其对 x 和 y 的一阶偏导数,并使之为零.

由方程组

$$\begin{cases} f_x(x,y)+\lambda\phi_x(x,y)=0 \\ f_y(x,y)+\lambda\phi_y(x,y)=0 \\ \phi(x,y)=0 \end{cases}$$

消去 λ,解出 x, y,则得函数 $z=f(x,y)$ 的可能极值点的坐标.一般地,在实际问题中,若只有一个可能的极值点,则该点往往就是所求的最值点.

显然,这个方法容易推广到自变量不止两个的情形.

例 11　要构造一容积为 4m^3 的无盖长方形水箱,问这水箱的长,宽,高各为多少时,所用材料最省?

解　设水箱底面长为 x, 宽为 y, 高为 z, 则表面积为

$$f(x,y,z)=xy+2xz+2yz$$

因此,该问题就是求函数 $f(x,y,z)=xy+2xz+2yz$ 在条件

$$xyz-4=0$$

下的最小值.于是,作函数

$$F(x,y,z)=xy+2xz+2yz+\lambda(xyz-4)$$

对其求偏导数并使之为零,得

$$\begin{cases} y+2z+\lambda yz=0 \\ x+2z+\lambda xz=0 \\ 2x+2y+\lambda xy=0 \\ xyz-4=0 \end{cases}$$

解得

$$x=2,\quad y=2,\quad z=1$$

以上结果说明有唯一的驻点 (2,2,1). 根据题意,最小值必存在,所以水箱的长,宽,高分别为 2m,2m,1m 时,用料最省,最省用料为 12m^2.

这个方法还可以推广到有多个约束条件的情形.例如,要求函数 $u=f(x,y,z)$ 在条件

$$g(x,y,z)=0,\quad h(x,y,z)=0$$

下的极值,可先构造函数

$$F(x,y,z)=f(x,y,z)+\lambda_1 g(x,y,z)+\lambda_2 h(x,y,z)$$

其中,λ_1,λ_2 为常数,求其一阶偏导数,并使之为零,然后再与 $g(x,y,z)=0$,$h(x,y,z)=0$ 联立求解,消去 λ_1,λ_2,解出 x,y,z,即得可能极值点的坐标 (x,y,z),最后根据题目本身判断是否为极值点或最值点.

2　常见几何体的体积、面积公式

名　称	图　形	图　形
圆柱的侧面积	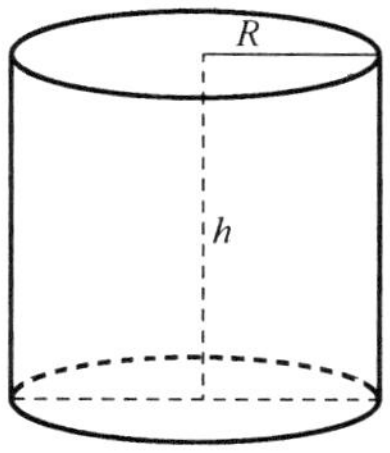	$S = 2\pi Rh$
圆柱的体积	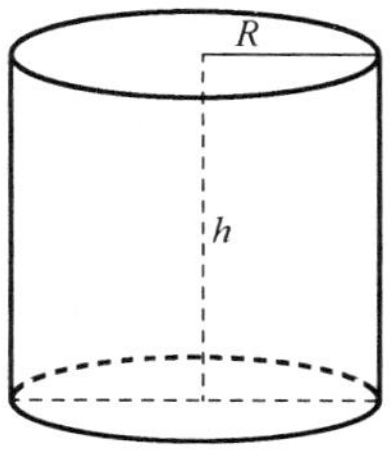	$V = \pi R^2 h$
锥体的体积	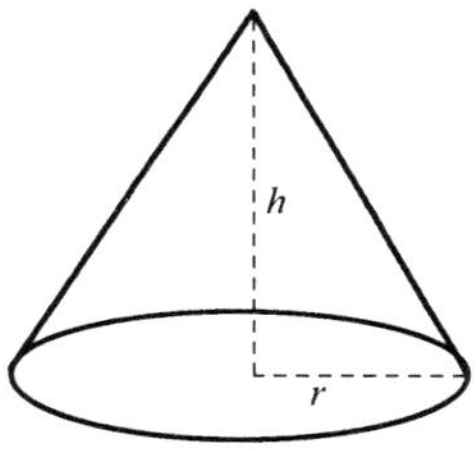	$V = \frac{\pi R^2 h}{3}$
圆台的体积	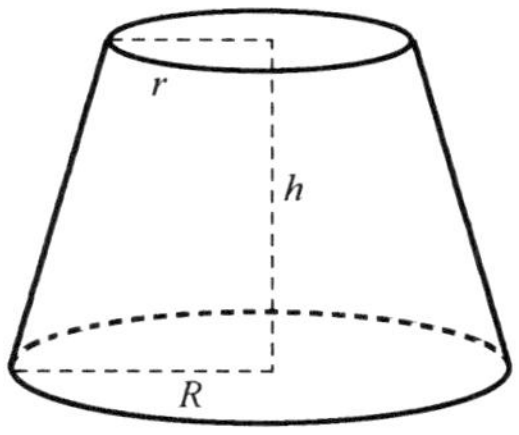	$V = \frac{\pi h}{3}(R^2 + Rr + r^2)$

第五部分　能 力 提 升

(1)要构造一容积为 $4\mathrm{m}^3$ 的无盖长方形水箱，问这水箱的长，宽，高各为多少时，所用材料最省？

(2)生产两种机床，数量分别为 Q_1 和 Q_2，总成本函数为 $C=Q_1^2+2Q_2^2-Q_1Q_2$，若两种机床的总产量为 8 台，要使成本最低，两种机床各生产多少台？

(3)用 m 元购买材料建造一宽与深(高)相同的长方体水池，已知四周的单位面积材料费为底面单位面积材料费的 1.2 倍，问水池长与宽、深各为多少时，才能使容积最大？最大容积是多少？

第六部分 信息反馈

学习情景	工件的优化设计
学号	
姓名	
任课教师	
学生学习疑问反馈	
学习效果自我评价	
教师综合评价	

学习情景八　数学建模

第一部分　学习任务分解

学习领域	数学核心能力应用
学习目标	(1)了解全国大学生数学建模竞赛的背景； (2)理解数学建模竞赛的实施过程； (3)能够掌握数学建模竞赛的思想
学习重点	掌握数学建模竞赛的数学技能
学习难点	(1)将实际问题转化为数学问题； (2)数学模型； (3)数学的计算方法
学习思路	抓住重点问题—简化实际问题的冗杂内容—用更简洁的方式表达、转化为数学语言—构建数学问题—用相应的数学方法解决问题
基础知识	综合能力
教学方法	讲授法、讨论法、启发式
学时安排	建议学时 4～6

第二部分　情 景 学 习

1　数学模型的概念

在日常生活和工作中，经常会遇到或用到各种模型，如汽车模型、飞机模型、火箭模型、水坝模型等各种实物模型.如文字、符号、图表、公式等描述客观事物的某些特征和内在联系的模型，如模拟模型、数学模型等抽象模型.

模型是人们所研究的客观事物有关属性的模拟，它应当具有事物中使人们感兴趣的主要性质，因而模型应具有如下特点.

(1)它是客观事物的一种模拟或抽象；它的一个重要作用就是加深人们对客观事物如何运行的理解，为了使模型成为帮助人们合理进行思考的一种工具，所以要用一种简化的方式来表现一个复杂的系统或现象.

(2)为了能协助人们解决问题，模型必须具有所研究系统的基本特征或要素.此外，还应包括决定其原因和效果的各个要素之间的相互关系.有了这样一个模型，人们就可以在模型内实际处理一个系统的所有要素，并观察它们的效果.

具体来说，数学模型就是为了某种目的，用字母、数字及其他数学符号建立起来的等式或不等式，以及图表、图形、框图等描述客观事物的特征及其内在联系的数学结构表达式.

2　建立数学模型(数学建模)的方法和步骤

数学建模是指对现实世界的一特定对象，为了某特定目的，做出一些重要的简化和假设，运用适当的数学工具得到一个数学结构，用它来解释特定现象的现实性态，预测对象的未来状况，提供处理对象的优化决策和控制，设计满足某种需要的产品等.一般来说，数学建模过程可用图 8-1 来表明.

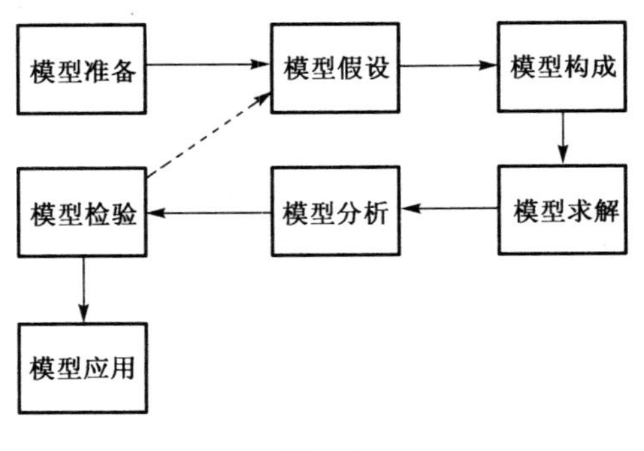

图 8-1

2.1　调查研究

在建模前应对实际问题的历史背景和内在机理要有深刻的了解，必须对该问题进行全面、深入细致地调查和研究.首先要明确所解决问题的目的要求和着手收集数据，而数据是为建立模型而收集的，因此，如果在调查研究时对建立什么样的模型有所考虑的话，那么就按模型的需要更有目的地、更合理地来收集有关数据. 收集数据时应注意精度的要求，在对实际问题进行深入了解时，应向有关专家或从事实际工作的人员请教，将使你对问题的了解更快和走捷径.

2.2　现实问题的理想化

现实问题错综复杂，涉及面非常广. 因此要想建立一个数学模型来反映一个现实问题面面俱到、无所不包是不可能的，也是没有必要的. 一个模型，只要能反映所需要的某一个侧面就行，或在此基础之上进一步提高. 建模前必须先将问题理想化、简单化，即首先抓住主要因素，暂不考虑次要因素. 在相对比较简单的情况下，理清变量之间的关系，建立相应的模型. 为此对所给问题给予必要的假设，不同的假设会得到不同的模型. 这一步是建立模型的关键.

如果假设合理，则模型与实际问题比较吻合；如果假设不合理或过于简单（即过多地忽略了一些因素），则模型与实际情况不吻合，或部分吻合，这就要修改假设，修改模型.

2.3　建立模型

在已有假设的基础上，可以着手建立数学模型，建模时应注意以下几点.

（1）分清变量类型，恰当使用数学工具. 如果实际问题中的变量是确定性变量，建模时数学工具多用微积分、微分方程、线性规划、非线性规划、投入产出、确定性存储论等. 由于数学分支很多，又加上相互交叉渗透，派生出许多分支，建模具体用什么分支好，一是因问题而异，二是因人而异，应看自己对哪门学科比较熟悉精通，尽量发挥自己的特长. 总之，对变量进行分析是建立模型的基础.

（2）抓住问题的本质，简化变量之间的关系. 因为模型过于复杂，则无法求解或求解困难，就不能反映客观实际. 因此应尽可能用简单的模型，如线性化、均匀化等来描述客观实际. 建模的原则：模型尽可能简单、明了，思路清晰，能不采用则尽量不用高深的数学知识，不要追求模型技术的完美，侧重于实际应用. 只要问题能解决，模型越简单越能被决策者所采用.

（3）建模要有严密的推理. 在已定的假设下，建模过程中推理一定要严密，以保证模型的正确性，否则会造成模型错误，前功尽弃.

（4）建模要有足够的精确度. 由于实际问题常对精度有所要求，建模时和收集资料时要予以充分考虑. 但同时实际问题又非常复杂，作假设时又要去掉非本质的东西，把本质的东西和关系反映进去，因而要掌握好这个尺度，有时要有一个反复摸索的过程.

2.4　模型求解

不同的模型要用不同的数学工具求解. 这就要求从事实际工作者对相应的数学分支知识有一定的了解. 当然，由于计算机的广泛使用，利用已有的许多计算机软件为人们求解带来方便. 因而尽可能地掌握已有的软件，会使解决问题省力不少.

2.5　模型分析

对模型求出的解进行数学上的分析，有助于对实际问题的解决. 分析时，有时要根据问题的要求对变量间的依赖关系进行分析和对解的结果稳定性进行分析. 有时根据求出的解对实际问题的发展趋势进行预测，为决策者提供最优决策方案. 除此之外，常需要进行误差分析，如模型对数据的稳定性分析和灵敏度分析等.

2.6　模型检验

一个模型是否反映了客观实际，可用已有的数据去验证. 如果由模型计算出来的理论数值与实际数值比较吻合，则模型是成功的(至少是在过去的一段时间内). 如果理论数值与实际数值差别太大，则模型是失败的. 如果理论数值与实际数值部分吻合，则可找原因，发现问题，修改模型. 如果模型用于预测，若模型计算的理论预测值与经验推算比较相差太大，也可推知模型存在问题，必须修改.

2.7　模型的修改

实际问题比较复杂，但由于理想化后抛弃了一些次要因素，因此建立的模型与实际问题就不完全吻合了. 此时，要分析假设的合理性，将合理部分保留，不合理部分去掉或修改，对实际问题中的主次因素再次分析. 如果某一因素因被忽略而使前面模型失败或部分失败，则再建立模型时把它考虑进去. 修改时可能去掉(或增加)一些变量，有时要改变一些变量的性质，如把变量看成常量，常量看成变量，连续变量看成离散变量，离散变量看成连续变量；或改变变量之间的函数关系，如线性改为非线性或非线性改为线性. 修改模型时对约束条件也要重新考虑，增加、减少或修改约束条件.

2.8　模型应用

数学模型应用非常广泛，可以说已经应用到各个领域，而且越来越渗透到社会学科、生命学科、环境学科等. 由于建模是预测的基础，而预测又是决策与控制的前提. 因此用数学模型对许多部门的实际工作进行指导，节省开支、减少浪费，增加收入. 特别是对未来可以预测和估计，这对促进科学技术和工农业生产的发展具有更大的意义.

3　模型的分类

数学模型可以按照问题本身所处的领域和解决问题的办法，以及按照人们的各种不同意愿有各种不同的方式分类，下面介绍几种分类方法.

(1)按变量性质分.

根据变量是确定的还是随机的可分为确定性模型和随机性模型. 根据变量是连续的还是离散的可分为连续模型和离散模型.

(2)按时间关系分.

考虑模型是否因时间关系而变化可分为静态模型和动态模型.

(3)按所用研究方法分.

按所用研究方法可分为初等模型、几何模型、微分方程模型、运筹学模型、概率模型、统计模型、层次分析法模型、系统动力学模型、灰色系统模型等.

(4)按研究对象所在领域分.

按研究对象所在领域可分为经济模型、生态模型、人口模型、交通模型、战争模型、资源模型、环境模型、大气污染模型、水污染模型、气象模型、地震模型等.

(5)按建模目的分.

按建模目的可分为分析模型、预测模型、优化模型、决策模型、控制模型等.

4　案例分析

案例　某人的食量是10467(焦/天),其中5038(焦/天)用于基本的新陈代谢(即自动消耗).在健身训练中,他所消耗的热量大约是69(焦/公斤·天)乘以他的体重(公斤).假设以脂肪形式储藏的热量100%地有效,而1公斤脂肪含热量41868(焦).试研究此人的体重随时间变化的规律.

(1)模型分析.

在问题中并未出现“变化率”,“导数”这样的关键词,但要寻找的是体重(记为W)关于时间t的函数.如果把体重W看作时间t的连续可微函数,就能找到一个含有$\frac{\mathrm{d}w}{\mathrm{d}t}$的微分方程.

(2)模型假设.

① 以$W(t)$表示t时刻某人的体重,并设一天开始时人的体重为W_0;

② 体重的变化是一个渐变的过程,因此可认为$W(t)$是关于t连续而且充分光滑的;

③ 体重的变化等于输入与输出之差,其中输入是指扣除了基本新陈代谢之后的净食量吸收;输出就是进行健身训练时的消耗.

(3)模型建立.

问题中所涉及的时间仅是“每天”,因此,对于“每天”体重的变化=输入−输出,由于考虑的是体重随时间的变化情况,因此,可得体重的变化/天=输入/天−输出/天,代入具体的数值,得

$$\text{输入}/\text{天}=10467(\text{焦}/\text{天})-5038(\text{焦}/\text{天})=5429(\text{焦}/\text{天})$$

$$\text{输出}/\text{天}=69(\text{焦}/\text{千克}\cdot\text{天})\times W(\text{公斤})=69W(\text{焦}/\text{天})$$

$$\text{体重的变化}/\text{天}=\frac{\Delta w}{\Delta t}(\text{千克}/\text{天})$$

考虑单位的匹配,利用“千克/天$=\frac{\text{天}/\text{焦}}{41868\text{焦}/\text{千克}}$”可建立如下微分方程模型:

$$\begin{cases}\frac{\mathrm{d}W}{\mathrm{d}t}=\frac{5429-69W}{41868}\approx\frac{1296-16W}{10000}\\ W|_{t=0}=W_0\end{cases}$$

(4)模型求解.

用变量分离法求解,模型方程等价于

$$\begin{cases}\dfrac{\mathrm{d}W}{1296-16W}=\dfrac{\mathrm{d}t}{10000}\\W_{t=0}=W_0\end{cases}$$

积分得

$$1296-16W=(1296-16W_0)\mathrm{e}^{\frac{16t}{10000}}$$

从而求得模型解为

$$W=\frac{1296}{16}-\left(\frac{1296-16w_0}{16}\right)\mathrm{e}^{\frac{16t}{10000}}$$

即描述了此人的体重随时间变化的规律.

(5)模型讨论.

现在再来考虑一下此人的体重会达到平衡吗?

显然由 W 的表达式,当 $t\to+\infty$ 时,体重有稳定值 $W\to 81$.

也可以直接由模型方程来回答这个问题.在平衡状态下,W 是不发生变化的,因为有

$$\frac{\mathrm{d}W}{\mathrm{d}t}=0$$

这就非常直接地给出

$$W_{\text{平衡}}=81$$

所以,如果需要知道的仅是这个平衡值,就不必去求解微分方程了.

至此,问题已基本上得以解决.

第三部分　信息反馈

学习情景	数学建模
学号	
姓名	
任课教师	
学生学习疑问反馈	
学习效果自我评价	
教师综合评价